Albrecht Beutelspacher

Kryptologie

Albrecht Beutelspacher

Kryptologie

Eine Einführung in die Wissenschaft vom Verschlüsseln, Verbergen und Verheimlichen.

Ohne alle Geheimniskrämerei,
aber nicht ohne hinterlistigen Schalk,
dargestellt zum Nutzen und Ergötzen
des allgemeinen Publikums.

Fünfte, abermals leicht verbesserte Auflage

vieweg

Professor Dr. *Albrecht Beutelspacher*
Fachbereich Mathematik der Universität Gießen

1. Auflage 1987
2., erweiterte und verbesserte Auflage 1991
3., verbesserte Auflage 1993
4., verbesserte Auflage 1994
5., verbesserte Auflage 1996

Der Verlag Vieweg ist ein Unternehmen der Bertelsmann Fachinformation GmbH.

Druck und buchbinderische Verarbeitung: Hubert & Co., Göttingen
Gedruckt auf säurefreiem Papier
Printed in Germany

ISBN 3-528-48990-1

Inhaltsverzeichnis

Einleitung

Aut prodesse volunt aut delectare poetae
aut simul et iucunda et idonea dicere vitae.
(Horaz)

Seit es mit Sprache begabte Lebewesen gibt, gibt es auch vertrauliche Mitteilungen, also Mitteilungen, die nur für eine einzige Person oder nur für einen ganz bestimmten Personenkreis gedacht sind, und von denen Außenstehende keine Kenntnis erhalten sollen.

Wie kann eine Nachricht 'sicher' übermittelt werden, also so, daß *kein Unbefugter Kenntnis vom Inhalt dieser Nachricht erhält*? Eine damit zusammenhängende, fast noch wichtigere Frage ist die folgende: Wie kann man erreichen, daß die Nachricht wirklich beim Empfänger ankommt, und zwar *genauso, wie man sie losgeschickt hat*?

Traditionell gibt es zwei Möglichkeiten, diese Probleme zu lösen. Einmal kann man die *Existenz* der Nachricht verheimlichen. Man könnte die vertrauliche Nachricht zum Beispiel mit unsichtbarer Tinte schreiben. Man kann aber auch die Mitteilung durch eine vertrauenswürdige Person übermitteln lassen. Dies haben zu allen Zeiten heimlich Verliebte versucht — und fast alle klassischen Tragödien zeugen vom letztlichen Scheitern dieser Bemühungen.

Eine ganz andersartige Methode besteht darin, vertrauliche Nachrichten zu *verschlüsseln*. In diesem Fall verheimlicht man nicht ihre Existenz. Im Gegenteil: Man übermittelt die Nachricht über einen unsicheren Kanal, aber so „chiffriert", daß niemand — außer dem wirklichen Empfänger — die Nachricht „dechiffrieren" kann. Dies ist eine ganz perfide Herausforderung des Gegners; solche Herausforderungen wurden in der Regel auch angenommen — und nicht selten wurde der Spieß umgedreht.

Wir werden uns in diesem Buch vornehmlich mit der zweiten Methode, also der *Verschlüsselung* der Nachrichten zum Zwecke der Geheimhaltung beschäftigen. Ein weiterer Schwerpunkt ist die *Integrität* und *Authentika-*

tion von Daten. Hier geht es nicht darum, die Nachricht gegen unberechtigtes Lesen zu schützen, sondern vor unberechtigter Änderung.

Bis vor einigen Jahren waren Militärs die einzigen, die sich professionell mit solchen Geheimhaltungssystemen abgegeben haben. Nur im militärischen Bereich gab es genügend Motivation — und ausreichende Mittel —, um die damaligen Chiffriermaschinen, die ausgeklügelte mechanische Wunderwerke waren, zu entwickeln. Besonders berühmt war die ENIGMA (griechisch für Geheimnis), die im 2. Weltkrieg von den Deutschen benutzt wurde. Systematische Angriffe auf den „ENIGMA-Code" wurden bereits vor dem Krieg in Polen und dann während des zweiten Weltkriegs im Britischen Dechiffrierzentrum in Bletchley Park unternommen. Den Briten gelang es nicht nur, das ENIGMA-System zu knacken, sondern sie konnten diese Tatsache auch bis zum Ende des zweiten Weltkriegs vor den Deutschen geheimhalten. (Eine andere Maschine, der *Geheimschreiber* T-52 von *Siemens & Halske*, der zur Übermittlung streng geheimer Nachrichten eingesetzt wurde, blieb während des ganzes Krieges sicher.)

Es gibt eine interessante Verbindung zwischen diesen kryptoanalytischen Attacken und den Anfängen der Computerentwicklung. Während des zweiten Weltkriegs entwickelten die Engländer elektromechanische und elektronische Maschinen, um die deutschen verschlüsselten Nachrichten zu knacken. Die berühmteste dieser Maschinen, die Röhrenrechenanlage COLOSSUS, kann als der erste digitalc Computer angesehen werden. Es ist eine bemerkenswerte Tatsache, daß der englische Mathematiker Alan M. **Turing** (1912 bis 1954), der später als der Vater der theoretischen Informatik berühmt wurde, zwar eine entscheidende Rolle im Dechiffrierteam von Bletchley Park gespielt hat, nicht aber an der Entwicklung des COLOSSUS beteiligt war.

Die Tatsache, daß die Kryptologie bei der Geburt der modernen Computer beteiligt war, hat Symbolcharakter. Mit der überwältigenden Verbreitung der elektronischen Datenverarbeitung seit den 60er Jahren ist die Kryptologie auf neue Füße gestellt worden. Dies hat verschiedene Gründe; einige seien hier genannt:

- Beim Versuch, ein gegnerisches System zu brechen, müssen Unmengen von Daten (Buchstabenketten, Zahlenkolonnen) verarbeitet werden; man muß Daten vergleichen, Mittelwerte, Standardabweichungen und vieles andere mehr berechnen — alles Dinge, die ein Computer sehr viel schneller und besser kann als der Mensch. Die Konsequenz ist, daß Kryptosysteme, die heute mit Erfolg eingesetzt werden sollen, wesentlich komplexer sein müssen als ihre Vorgänger vor zwei Generationen.

- Andererseits ermöglicht moderne Hard- und Software die Implementierung von komplexen und anspruchsvollen mathematischen Algorithmen. Mit diesen kann ein Grad von Sicherheit erreicht werden, zu dem es in der Geschichte keine Parallele gibt: Ein kleiner Zuwachs in der Komplexität eines Algorithmus führt zu einem überdimensionalen Anwachsen der Ressourcen, die zum Brechen des Systems benötigt werden. Der Witz der modernen Kryptologie ist, daß der Computer nicht nur die Ursache vieler Probleme ist, sondern gleichzeitig der Schlüssel zur ihrer Lösung.
- Durch das Vordringen elektronischer Datenverarbeitung und insbesondere von elektronischer Kommunikation in immer mehr Bereiche öffnen sich gänzlich neue Aufgabenfelder für die Kryptologie. Neben den 'klassischen' militärischen Anwendungen treten heute ganz neuartige Anforderungen an die Kryptologie heran. Es gehört nicht viel Prophetengabe dazu, vorauszusagen, daß die Kryptologie (die zur Zeit gerade dabei ist, sich als seriöse Wissenschaft zu etablieren) in den kommenden Jahren einen weiteren rasanten Aufschwung erleben wird.

Als typische neuartige Probleme seien die folgenden genannt.

- Viele Telefongespräche werden heute schon über Satellit gesendet. Damit kann jeder im Prinzip diese Gespräche abhören. Folglich müssen zumindest die geheimzuhaltenden Telefongespräche so chiffriert werden, daß ein Abhörer nur einen sinnlosen Tonsalat erkennt.
- Ein ähnliches Problem betrifft Pay-TV. Hier besteht das Problem darin, daß ein unautorisierter Benutzer seine Lieblingsfilme anschauen möchte, ohne dafür zu bezahlen. Mit den Mitteln der Benutzerauthentikation, die in Kapitel 4 vorgestellt werden, kann man solchen Schmarotzern von vornherein das Handwerk legen.
- In zunehmendem Maße werden Geldüberweisungen elektronisch getätigt (Stichworte sind etwa „Homebanking", „electronic cash" und „elektronische Geldbörse"). Hier wird ein elektronischer Ersatz für die herkömmliche handschriftliche Unterschrift benötigt. In mehr als einer Hinsicht ist die sogenannte elektronische Unterschrift besser als die vertraute handschriftliche Unterschrift (siehe Kapitel 5).
- Die meisten der heutigen mittleren und größeren Computer sind so ausgelegt, daß viele Benutzer prinzipiell unabhängig voneinander mit dem Rechner arbeiten können (Multiuser-Systeme). In solchen Situationen muß sich der Rechner von der Identität der Benutzer überzeugen können. Heute geschieht das durch Paßwortverfahren; in Zukunft wird hierfür insbesondere bei Sicherheitsanwendungen eine „Chipkarte" eingesetzt werden. Dieses neue Medium werden wir in Kapitel 4 vorstellen.

• Schließlich kann man hier auch die „Computerviren" nennen. Dies sind Programme, die praktisch unbemerkt in ein Computerprogramm eingeschleust werden; sie haben die Fähigkeit, sich selbst zu reproduzieren, und das ist der Grund dafür, daß sie großen Schaden an Programmen, Daten und ganzen Systemen anrichten können. Ganz grob gesprochen, verändert ein Virus sein „Wirtsprogramm"; also können die Methoden der Datenauthentikation, die wir in Kapitel 4 und 5 vorstellen werden, auch als Mittel zur Erkennung von Viren eingesetzt werden.

*

Jeder, der mit solchen oder ähnlichen Anwendungen zu tun hat, wird zustimmend bekennen: „Selbstverständlich brauchen wir Sicherheit! Aber — warum soll die Kryptologie das Allheilmittel sein? Gibt es nicht auch andere Methoden, um Sicherheit zu erreichen?" Natürlich gibt es andere Methoden! Denken sie etwa an die über Jahrhunderte entwickelten ausgefeilten Techniken, die dazu dienen, unsere Banknoten sicher zu machen: Spezialpapier, komplexe (manchmal sogar schöne) Bilder, Präzisionsdruck, Wasserzeichen, Silberdraht, und vieles andere mehr. Also nochmals die Frage: Warum Kryptologie?

Die Antwort ist einfach: *Kryptologie ist besser!* Ein Grund dafür ist: *Kryptologie ist eine mathematische Disziplin*. Das mag übertrieben klingen, ist es aber nicht: Die Mathematik liefert — jedenfalls im Prinzip — die theoretische Rechtfertigung für die Stärke eines Algorithmus oder eines Protokolls. Mit Mathematik kann man (im Idealfall) *beweisen*, daß ein kryptographischer Algorithmus ein gewisses Sicherheitsniveau hat. Und wenn die Sicherheit einmal mathematisch bewiesen ist, ist kein Zweifel mehr möglich, daß dieser Algorithmus wirklich sicher ist; man muß sich dann nicht mehr auf (sich in der Regel widersprechende) Expertenmeinungen verlassen, man braucht sich bei der Einschätzung der Sicherheit nicht auf die „heutige Technologie" (die morgen ganz anders sein kann) zu berufen, u.s.w.

Ich muß allerdings zugeben, daß solche Beweise bislang nur in sehr wenigen Fällen gelungen sind. Dennoch: Mathematik ist ein vertrauenswürdiges Instrument, um Kryptosysteme systematisch zu untersuchen (das heißt zu entwerfen und zu analysieren). Das ist der Grund, weshalb kryptologische Mechanismen im Zweifel anderen Sicherheitsmechanismen vorzuziehen sind: *In dubio pro mathematica!*

Die Wissenschaft, die sich mit all diesen Problemen (und vielen anderen mehr) beschäftigt, heißt **Kryptologie** oder auch **Kryptographie**. In den sechs Kapiteln dieses Buches werde ich ihnen die Themen vorstellen, die meiner Meinung nach wesentlich für das Verständnis der modernen Kryptologie sind, also den Teil der Kryptologie, der zur Allgemeinbildung gehört. Mein Ziel ist es, die Grundgedanken dieses Gebiets darzulegen. Das kann man nicht leisten, ohne wenigsten ab und zu ein System im Detail zu betrachten. Andererseits habe ich versucht, einen lesbaren Text zu schreiben, der weitgehend ohne formalen Ballast auskommt.

Das erste Kapitel hat zwei Ziele. Zunächst stellen wir einige klassische monoalphabetische Algorithmen über dem natürlichen Alphabet vor, wie etwa die Caesar-Chiffre. Es wird sich herausstellen, daß all diese Chiffrierungen relativ leicht zu brechen sind. Bei der Darstellung dieser Algorithmen werden wir zwanglos die grundlegenden kryptologischen Begriffe und Bezeichnungen einführen können.

Das zweite Kapitel ist polyalphabetischen Chiffrierungen (über dem natürlichen Alphabet) gewidmet. Diese sind komplizierter aufgebaut, und man benötigt daher auch präzisere Methoden, um sie zu brechen. Zwei solche Methoden, nämlich den Kasiski-Test und den Friedman-Test werden wir detailliert besprechen.

Das dritte Kapitel ist ein theoretischer Exkurs. Dort werden Sie nicht nur eine Erklärung des Begriffs „sicher", sondern auch ein perfektes Chiffriersystem (das sogenannte one-time pad) finden. Die zweite Hälfte dieses Kapitels dient dem Studium von „rückgekoppelten Schieberegistern", auf denen sehr viele moderne Algorithmen beruhen.

Im vierten Kapitel werden wir uns mit den Diensten „Integrität" und „Authentikation" beschäftigen. In diesem Gebiet der Kryptographie versucht man nicht, Daten geheim zu halten, sondern vielmehr, ihre Unversehrtheit zu garantieren. Diese Problemstellung hat in den letzten Jahren der reinen Geheimhaltung der Daten den Rang abgelaufen und ist dafür verantwortlich, daß die Kryptologie nicht mehr auf den abgeschotteten Bereich der militärischen Anwendungen beschränkt ist, sondern sich im rauhen Wind der freien Wirtschaft bewähren kann. (An einem alltäglichen Beispiel wird die Bedeutung der Datenintegrität klar: Ich kann es zur Not verschmerzen, wenn ein Unbefugter erfährt, wieviel Geld mir der Vieweg-Verlag als Honorar für dieses Buch jährlich überweist; mindestens einer der Beteiligten würde aber ziemlich unfreundlich reagieren, wenn der Unbefugte an den Überweisungen etwas verändern kann, sei es den Betrag, sei es die Kontonummer!) In diesem Kapitel werden wir auch die sensationellen „Zero-Knowledge-Algorithmen" behandeln (kann ich Ihnen beweisen, ein Geheimnis zu haben, ohne dieses zu verraten?); diese Algorithmen haben in den letzten Jahren sowohl aus theoretischer als auch aus praktischer Sicht enormes Interesse gefunden. Wir werden auch die sogenannten „Chipkarten" behandeln, die sich als *das* Werkzeug zur Realisierung von kryptographischen Diensten für jedermann anbieten.

Im fünften Kapitel werden wir die vielversprechenden neuen „asymmetrischen" Kryptosysteme vorstellen, deren Einführung durch Diffie und Hellman 1976 nach Meinung aller Fachleute eine Revolution der Kryptologie war. Dies zeigt sich zuletzt auch darin, daß seitdem die Kryptologie mehr und mehr Ansehen in der Mathematik und der Informatik gewonnen hat. Die Eleganz der public-key Algorithmen (wie die asymmetrischen Verfahren auch gennannt werden) ist allerdings weit mehr als ein Spielzeug für ein paar Mathematiker: die Erfindung von asymmetrischen Systemen war nicht nur durch praktische Probleme motiviert; wie wir sehen werden, kann man mit solchen Algorithmen auch eine ganze Reihe von praktischen Problemen auf sehr befriedigende Art und Weise lösen.

Im abschließenden sechsten Kapitel studieren wir ein Problem, das etwas außerhalb eines üblichen Kryptologie-Kurses liegt: In vielen rechnergestützten Systemen wird Sicherheit vor allem dadurch erreicht, daß alle relevanten Vorgänge aufgezeichnet und ausgewertet werden. Damit sind all diese Ereignisse rekonstruierbar, und nichts bleibt verborgen: Der Computer spielt in gewisser Weise die Rolle Gottes und weiß alles. Frage: Ist es möglich, ein elektronisches System zu entwerfen (beispielsweise für elektronisches Einkaufen), das nicht ganz so allwissend ist, aber dennoch die notwendige Sicherheit bietet? Anders gefragt: Widersprechen sich Sicherheit und Anonymität? — Wir werden zwei Systeme vorstellen, bei denen sich diese beiden Qualitäten nicht widersprechen. Insbesondere werden wir diskutieren, ob es ein elektronisches Äquivalent zum üblichen Münzgeld geben kann.

*

Sie merken: Das sind zum großen Teil neue, aufregende, sehr praxisbezogene Themen. Sie fürchten vielleicht, daß alles sehr kompliziert und undurchschaubar wird. Keine Angst: Die Kryptologie ist ein Glücksfall, da man gerade die neuen und zukunftsweisenden Dinge ziemlich anschaulich erklären kann. Ich habe jedenfalls versucht, alles möglichst verständlich, klar und unterhaltsam darzutellen.

Es ist nicht notwendig, die Kapitel der Reihe nach zu lesen. Erschrekken Sie nicht, wenn Ihnen die eine oder andere Stelle zunächst kryptisch vorkommt. In den allermeisten Fällen ist der folgende Text auch ohne

Kenntnis dieser 'schwierigen' Stelle verständlich — und oft werden obskure Teile im Nachhinein klar. Mein Rat: Überblättern Sie ruhig die eine oder andere Stelle — und tun Sie das guten Gewissens!

Ich hoffe, daß Sie Spaß bei der Lektüre dieses Buches haben. Eine Erfahrung will ich Ihnen nicht vorenthalten: Ich habe von mehr als einer hübschen jungen Dame gehört, die es anregend fand, mit diesem Buch in die Badewanne zu steigen und sich dort der Lektüre hinzugeben. Ein schöneres Kompliment kann ich mir kaum vorstellen!

Für die zweite Auflage wurde das Buch vollständig neu bearbeitet. Die Grobstruktur des Buches wurde beibehalten, aber in jedem Kapitel gibt es ausführliche Zusätze. Zwei wichtige neue Aspekte möchte ich hier nennen: Das Kapitel über Authentikation (Kapitel 4) wurde gänzlich neu geschrieben; dort werden jetzt auch die Zero-Knowledge Protokolle behandelt. Die größte Neuerung in Kapitel 5 ist die Behandlung von Kryptosystemen auf Basis von „diskreten Logarithmen". Das Buch kann nun auch als appetitanregende Vorspeise in Vorlesungen über Kryptologie empfohlen werden.

Diese Auflage wurde neu bearbeitet im Zusammenhang mit der Übersetzung ins Englische. Mein Freund Chris Fisher hat die Aufgabe des Übersetzers übernommen — aber er war viel mehr: Unter der unschuldigen Ausrede „das verstehe ich nicht" hat er mich dazu gebracht, jede Zeile des Buches neu zu durchdenken. Herausgekommen ist ein neues Buch, ich hoffe: kein schlechteres!

*

Mein Dank gilt allen, die dieses Buchprojekt unterstützten, kritisch begleiteten und förderten; es sind zu viele, als daß ich sie hier alle nennen könnte.

An erster Stelle danke ich meinen nächsten Angehörigen, Monika, Christoph und Maria. Sie mußten nicht nur häufig als Versuchskaninchen herhalten, sondern haben mir auch mehrere Male großzügig Urlaub zum Bücherschreiben gewährt.

Ferner gilt mein Dank meinen Kollegen A, C, F, I, J, L, M, R, U (in alphabetischer Reihenfolge, wobei einige Buchstaben mehrfach zu zählen sind und mindestens einer fett zu drucken gewesen wäre); sie haben das Entstehen dieses Buches auf mannigfaltige Weise gefördert: durch akribische Kritik, durch konstruktive Vorschläge, durch aufmunternde Gespräche, durch inspirierende Sitzungen, durch schnelles Beschaffen von Material, u.v.a.m.

Dem Vieweg-Verlag danke ich für die nach wie vor problemlose, engagierte und freundliche Zusammenarbeit.

Einige technische Hinweise

Am Ende jeden Kapitels finden sich Übungsaufgaben, insgesamt über 100. Alle Übungsaufgaben werden Ihnen, so hoffe ich, Spaß machen; die meisten sind einfach zu lösen. [Hinweis: Die schwierigeren Übungsaufgaben enthalten einen **Hinweis** zu ihrer Lösung.]

Einige wenige, etwas schwierigere Aufgaben sind durch das Symbol ▸ gekennzeichnet. Sie werden auch Programmieraufgaben finden. Durch diese können Sie sich überzeugen, daß die dargestellten Verfahren auch wirklich funktionieren. Keine dieser Aufgaben, die man an dem 'Klammeraffen' @ erkennt, ist besonders schwierig. Manche erfordern einige Zeit – wie das beim Programmieren so üblich ist.

Einige Aufgaben fordern Sie heraus, einen Geheimtext zu entschlüsseln. Wenn Sie kontrollieren wollen, ob Sie auf der richtigen Spur sind, haben Sie die Möglichkeit, auf Seite 169 nachzuschauen.

*

Da große Teile der modernen Kryptologie auf Eigenschaften ganzer Zahlen beruhen, müssen wir diese Eigenschaften zumindest formulieren können. Dazu brauchen wir folgende Bezeichnung. Für zwei natürliche Zahlen **a** und **b** bezeichnet

$$\mathbf{a\ MOD\ b}$$

den Rest, den man erhält, wenn man **a** durch **b** teilt. Daher ist **a MOD b** stets eine Zahl zwischen **0** und **b–1**. Zum Beispiel ist

$$\mathbf{1\ MOD\ 5 = 6\ MOD\ 5 = 41\ MOD\ 5 = 1},$$

denn der Rest ist jeweils **1**. Ein anderes Beispiel ist

$$\mathbf{1992\ MOD\ 4 = 0},$$

denn **4** geht in **1992** ohne Rest auf.

Kapitel 1

Caesar
oder
Aller Anfang ist leicht!

Ibich habibebi dibich,
Lobittebi, sobi liebib.
Habist aubich dubi mibich
Liebib? Neibin, vebirgibib.

Nabih obidebir febirn
Gobitt seibi dibir gubit.
Meibin Hebirz habit gebirn
Abin dibir gebirubiht.
(Joachim Ringelnatz)

Es nicht nicht immer leicht, jung und verliebt zu sein. Die klassische Literatur lehrt uns, daß, wenn immer eine Julia ihrem geliebten Romeo ein vertrauliches Billett übermitteln möchte, es fast immer einen mißgünstigen Bösewicht gibt, der das junge Glück dadurch zu stören versucht, daß er den Brief abfängt (siehe Bild 1.1).

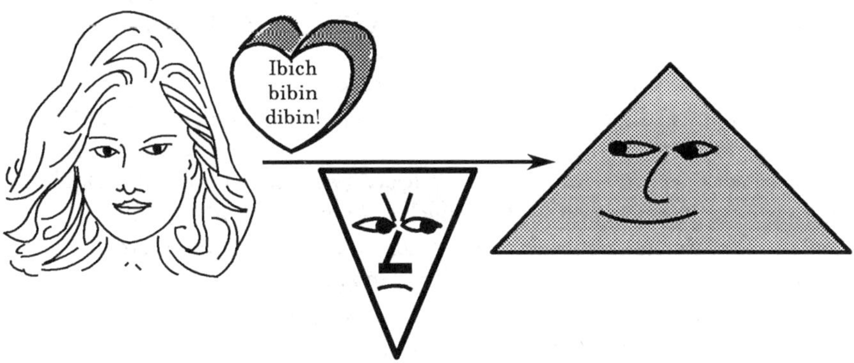

Bild 1.1 Ein passiver Angreifer

Vielleicht möchte der Mißgünstling die Nachricht 'nur' lesen. Das Rezept gegen einen solchen **passiven Angriff** ist Verschlüsselung, das Thema dieses und der nächsten drei Kapitel. Gegen einen **aktiven Angrcifer**, also einen Bösewicht, der die Nachricht zu verfälschen trachtet, ist ein anderes Kraut gewachsen: Romeo und Julia sollten die Methoden aus Kapitel 4 und 5 studieren, um dagegen gewappnet zu sein.

Die Moral von der Geschicht' für Verliebte, aber auch für Diplomaten oder Börsenspekulanten, kurz für alle, die vertrauliche Nachrichten verschicken müssen, ist es, Gegenmaßnahmen einzusetzen, um dem Angreifer die Suppe zu versalzen. Eine Möglichkeit ist die Verschlüsselung: Julia ersetzt jeden Buchstaben ihres heimlichen Briefchens durch einen anderen (oder ein entsprechendes Symbol, etwa eine Zahl).

Bei jeder Verschlüsselung muß der Empfänger dem Angreifer etwas voraus haben. Mit Hilfe dieser Information kann der Empfänger entschlüsseln; sie darf keinem Angreifer zur Verfügung stehen, denn sonst könnte dieser die Nachricht genau so leicht wie der Empfänger entschlüsseln. Man nennt diese exklusive Information den **Schlüssel**. Die klassischen Verschlüsselungsverfahren sind so aufgebaut, daß Sender und Empfänger einen gemeinsamen geheimen Schlüssel besitzen, mit dem der Sender verschlüsselt und der Empfänger entschlüsselt; solche Verfahren nennt man **symmetrisch**. In Kapitel 5 werden wir sehen, daß es auch asymmetrische Verschlüsselungsalgorithmen gibt: In solchen Systemen braucht nur der Empfänger einen geheimen Schlüssel.

In diesem Kapitel betrachten wir die in gewissem Sinne einfachsten symmetrischen Verschlüsselungsalgorithmen, nämlich solche, bei denen ein- und derselbe Buchstabe immer durch ein- und dasselbe Symbol ersetzt wird. Zum Beispiel könnte der Klartextbuchstabe **e** stets mit dem Geheimtextbuchstaben **K** chiffriert werden. Gegen Ende des Kapitels wird uns klar werden, daß solche Systeme nicht allzu empfehlenswert sind.

*

Zunächst aber einige Worte zur Terminologie. Die Begriffe **Kryptologie** und **Kryptographie** sind aus den griechischen Wörtern κρυπτοσ *(geheim)*, λογοσ (das *Wort, der Sinn)*, und γραφειν *(schreiben)* gebildet. Beide bezeichnen die Kunst und die Wissenschaft, die sich damit beschäftigt, Methoden zur Verheimlichung von Nachrichten zu entwickeln. (Manche Autoren unterscheiden zwischen **Kryptographie**, der Wissenschaft von der Entwicklung von Kryptosystemen, **Kryptoanalyse**, der Kunst diese zu brechen und bezeichnen mit **Kryptologie** die Gesamtheit dieser Wissenschaften. In keinem Fall ist aber der Bedeutungsunterschied dieser beiden

Begriffe so groß wie bei *Geologie* und *Geographie* oder *Philologie* und *Philosophie*.)

Der Text, die Nachricht, die Buchstaben- oder Zeichenfolge, die wir übermitteln wollen, heißt der **Klartext**; wir werden den Klartext in der Regel durch kleine Buchstaben **a**, **b**, **c**, . . . darstellen. Die verschlüsselte Nachricht (also die Buchstaben- oder Zeichenfolge, die tatsächlich übermittelt wird) nennen wir den **Geheimtext** (in der älteren Literatur wird der Geheimtext auch **Kryptogramm** genannt); ihn werden wir in Großbuchstaben **A**, **B**, **C**, . . . schreiben. Den Verschlüsselungsvorgang nennen wir **Chiffrieren**, den Entschlüsselungsvorgang **Dechiffrieren**. Der **Sender** chiffriert also, während der **Empfänger** dechiffrieren muß, bevor er die Nachricht lesen kann.

Die Texte, die wir verschlüsseln werden, sind aus **Buchstaben** zusammengesetzt; diese Buchstaben sind Elemente eines **Alphabets**. In den ersten beiden Kapiteln wird unser Alphabet meist **das** (natürliche) **Alphabet** {**a**, **b**, **c**, . . .} sein. Wir werden aber als Alphabet z. B. auch die Menge {1, . . ., 26}, die Menge {0, 1} oder auch die Menge

$$\{(a_1, \ldots, a_{64}) \mid a_i \in \{0,1\}\}$$

aller **binären Folgen** der Länge 64 wählen, wenn es für unsere Betrachtungen günstig ist.

Im Widerspruch zu der Ankündigung in der Überschrift beginnt die Geschichte der Kryptographie *vor* Caesar.

1.1 Die Skytale von Sparta

Die Geschichte fängt vor ungefähr 2500 Jahren an. Wie wir von dem griechischen Historiker Plutarch wissen, benutzte die Regierung von Sparta folgende trickreiche Methode zur Übermittlung geheimer Nachrichten an ihre Generäle: Sender und Empfänger mußten beide eine sogenannte **Sky-**

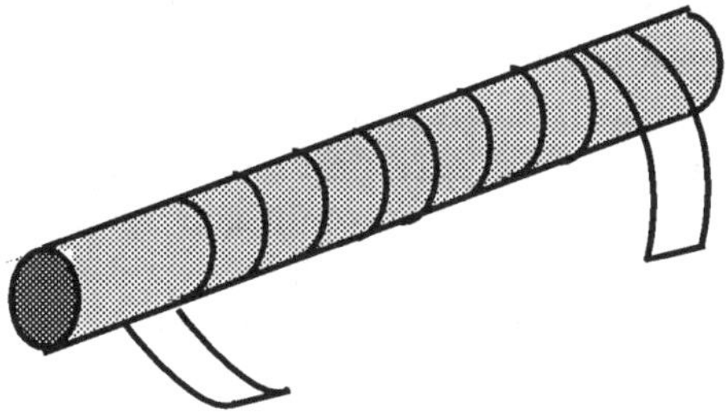

Bild 1.2 Eine Skytale

tale (sprich: Skytale) haben; das waren zwei Zylinder mit genau dem gleichen Radius. Der Sender wickelte ein schmales Band aus Pergament spiralförmig um seinen Zylinder und schrieb dann der Länge nach seine Nachricht auf das Band (vergleiche Bild 1.2). War das Band abgewickelt, konnte die Nachricht nur von einer Person gelesen werden, die einen Zylinder genau desselben Umfangs hatte — hoffentlich nur der Empfänger.

Wir betrachten nun ein Beispiel in moderner Sprache. Stellen wir uns vor, wir hätten einen Papierstreifen abgefangen, auf dem wir die folgende Buchstabenfolge lesen:

SIEIYHITIEPICINLTEHSZDO!ETIEGRDGRRHAEKAESZRP

Die Skytale des Senders hat einen Umfang, den wir durch die Anzahl von Buchstaben ausdrücken können. Wir können also einfach verschiedenen Umfänge u ausprobieren. Wenn wir u = 5 wählen, ergibt sich vollkommener Unsinn:

S	**H**	**P**	**L**	**Z**	**T**	**D**	**A**	**S**
I	**I**	**I**	**T**	**D**	**I**	**G**	**E**	**Z**
E	**T**	**C**	**E**	**O**	**E**	**R**	**K**	**R**
I	**I**	**I**	**H**	**!**	**G**	**R**	**A**	**P**
Y	**E**	**N**	**S**	**E**	**R**	**H**	**E**,	

wenn wir aber den Text in u = 6 Zeilen anordnen, wird die Botschaft klar:

S	**I**	**C**	**H**	**E**	**R**	**H**	**E**
I	**T**	**I**	**S**	**T**	**D**	**A**	**S**
E	**I**	**N**	**Z**	**I**	**G**	**E**	**Z**
I	**E**	**L**	**D**	**E**	**R**	**K**	**R**
Y	**P**	**T**	**O**	**G**	**R**	**A**	**P**
H	**I**	**E**	**!**				

Die Skytale ist der Prototyp eines **Transpositionsalgorithmus**; dabei bleiben die Buchstaben, *was* sie sind, sie bleiben aber nicht *wo* sie sind. Ein Mathematiker würde einen Transpositionsalgorithmus beschreiben als eine Permutation der *Stellen* der Buchstaben. Viele populäre Algorithmen sind Transpositionschiffren. (Vergleiche zum Beispiel die Übungsaufgaben **3** und **23**). Kapitel III des Buches [Smi71] enthält eine reiche Auswahl von „klassischen" Transpositionsalgorithmen.

Transpositionsalgorithmen sind ein wichtiger Baustein für moderne Algorithmen. Die andere Komponente sind die **Substitutionsalgorithmen**; bei diesen wird die Nachricht dadurch unlesbar gemacht, daß jeder Buchstabe durch einen anderen ersetzt wird, aber seine Position beibehält.

Dies ist das Stichwort für den Auftritt Caesars.

1.2 Verschiebechiffren

Einer der ersten, der kryptologische Techniken benutzt haben soll, war der römische Feldherr und Staatsmann C. Julius **Caesar** (100 bis 44 v. Chr.). Bei Sueton (Caes. LVI) lesen wir

> Exstant et [epistolae] ad Ciceronem, item ad familiares de rebus, in quibus, si qua occultius perferenda erant, per notas scripsit, id est sic structo litterarum ordine, ut nullum verbum effici posset; quae si qui investigare et persequi velit, quartam elementorum litteram, id est D pro A et perinde reliquas commutet.

Übersetzt lautet dies etwa

> Es existieren auch [Briefe von Caesar] an Cicero und an Bekannte über Dinge, in denen er, wenn etwas vertraulich übermittelt werden mußte, in Geheimschrift schrieb. D.h. er veränderte die Ordnung der Buchstaben derart, daß kein einziges Wort mehr ausgemacht werden konnte. Wenn jemand das entziffern und den Inhalt erkennen wollte, so mußte er den vierten Buchstaben des Alphabets , also D, für A einsetzen, und so mit den andern.

Die von Caesar benutzte Chiffre erhält man, wenn man unter das **Klartextalphabet** das **Geheimtextalphabet** schreibt — aber um 23 Stellen nach rechts oder, was dasselbe bedeutet, um 3 Stellen nach links versetzt:

Klartext:	**a b c d e f g h i j k l m n o p q r s t u v w x y z**
Geheimtext:	**D E F G H I J K L M N O P Q R S T U V W X Y Z A B C**

Chiffriert wird, indem ein Klartextbuchstabe durch den darunterstehenden Geheimtextbuchstaben ersetzt wird. Zum Beispiel wird aus dem Wort „**klartext**" die scheinbar sinnlose Buchstabenfolge **„NODUWHAW"**. Die Dechiffrierung ist genauso einfach: Jeder Geheimtextbuchstabe wird in den darüberstehenden Klartextbuchstaben zurückübersetzt.

Sie fragen mit Recht, warum Caesar das Geheimtextalphabet gerade um **3** Stellen verschoben hat. Die Antwort ist einfach: Dafür gibt es überhaupt keinen Grund! In der Tat kann man das Alphabet um eine beliebige Anzahl von Stellen verschieben. Da unser Alphabet aus 26 Buchstaben besteht, gibt es genau 26 solche Chiffrierungen; man nennt sie **Verschiebechiffren** (oder auch **additive** Chiffren — siehe Abschnitt **1.4**). (Darunter befindet sich auch die **triviale** Chiffrierung **a** → **A**, **b** →**B**, . . ., **z** → **Z**, die wohl noch niemand zu Geheimhaltungszwecken verwendet hat.) Tabelle 1.1 gibt eine Übersicht über alle 26 Verschiebechiffren.

Natürlich ist es auch mit einer solchen Tabelle immer noch vergleichsweise mühsam, einen langen Text zu chiffrieren. Bereits 1470 hat das italienische Universalgenie Leon Battista **Alberti** (1404 bis 1472), der völlig zu Recht „Vater der modernen Kryptologie" [Kah67] genannt wird, eine Maschine erfunden, die das Verschlüsseln mechanisiert. Bild 1.3 zeigt eine

Tabelle 1.1 Die 26 Verschiebechiffren

Klartext:	**a b c d e f g h i j k l m n o p q r s t u v w x y z**
Geheimtexte:	**A B C D E F G H I J K L M N O P Q R S T U V W X Y Z**
	B C D E F G H I J K L M N O P Q R S T U V W X Y Z A
	C D E F G H I J K L M N O P Q R S T U V W X Y Z A B
	D E F G H I J K L M N O P Q R S T U V W X Y Z A B C
	E F G H I J K L M N O P Q R S T U V W X Y Z A B C D
	F G H I J K L M N O P Q R S T U V W X Y Z A B C D E
	G H I J K L M N O P Q R S T U V W X Y Z A B C D E F
	H I J K L M N O P Q R S T U V W X Y Z A B C D E F G
	I J K L M N O P Q R S T U V W X Y Z A B C D E F G H
	J K L M N O P Q R S T U V W X Y Z A B C D E F G H I
	K L M N O P Q R S T U V W X Y Z A B C D E F G H I J
	L M N O P Q R S T U V W X Y Z A B C D E F G H I J K
	M N O P Q R S T U V W X Y Z A B C D E F G H I J K L
	N O P Q R S T U V W X Y Z A B C D E F G H I J K L M
	O P Q R S T U V W X Y Z A B C D E F G H I J K L M N
	P Q R S T U V W X Y Z A B C D E F G H I J K L M N O
	Q R S T U V W X Y Z A B C D E F G H I J K L M N O P
	R S T U V W X Y Z A B C D E F G H I J K L M N O P Q
	S T U V W X Y Z A B C D E F G H I J K L M N O P Q R
	T U V W X Y Z A B C D E F G H I J K L M N O P Q R S
	U V W X Y Z A B C D E F G H I J K L M N O P Q R S T
	V W X Y Z A B C D E F G H I J K L M N O P Q R S T U
	W X Y Z A B C D E F G H I J K L M N O P Q R S T U V
	X Y Z A B C D E F G H I J K L M N O P Q R S T U V W
	Y Z A B C D E F G H I J K L M N O P Q R S T U V W X
	Z A B C D E F G H I J K L M N O P Q R S T U V W X Y

'Maschine', mit der man alle 26 Verschiebechiffren realisieren kann. Die innere Scheibe ist gegenüber der äußeren verdrehbar, so daß man jede gewünschte Verschiebechiffre einstellen kann; das Chiffrieren bzw. Dechiffrieren ist dann keine Kunst mehr.

An dieser sicherlich einfachsten Klasse von Chiffren können wir uns schon zwei äußerst wichtige Begriffe klarmachen, die man gut unterscheiden muß. Es handelt sich um die Begriffe „Chiffrieralgorithmus" und „Schlüssel". Den Chiffrier**algorithmus** können wir uns in obigem Beispiel durch die Tabelle 1.1 oder durch die 'Maschine' aus Bild 1.3 realisiert denken. Demgegenüber ist der **Schlüssel** beispielsweise die Anzahl der Stellen, um die die beiden Alphabete verschoben wurden, oder die aktuelle Einstellung der Scheiben, oder das Geheimtextäquivalent des Buchstabens **a**, oder ähnliches. Der Schlüssel beschreibt genau, wie der Algorithmus in einer speziellen Situation verwendet wird.

Die Kommunikationspartner müssen sich grundsätzlich über den Chiffrieralgorithmus einigen und vor der Übertragung den Schlüssel vereinbaren (bzw. austauschen).

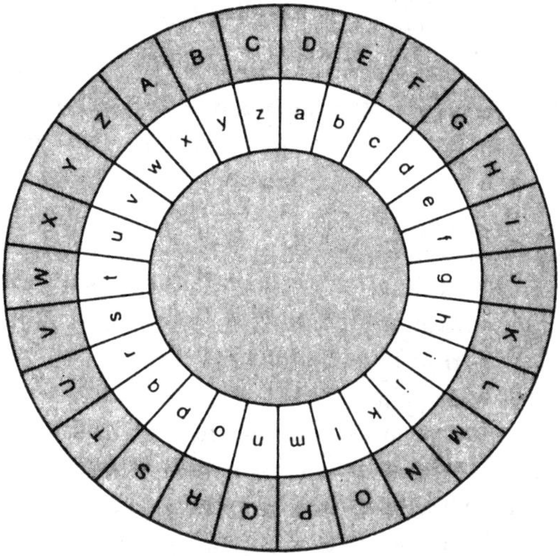

Bild 1.3 Eine Chiffriermaschine

Dazu sind einige Bemerkungen am Platze. Chiffrieralgorithmus und Schlüssel haben völlig verschiedene Funktionen und müssen daher klar unterschieden werden. Der Algorithmus ist in aller Regel ziemlich 'groß'. (Viele Algorithmen sind durch eine mechanische Maschine realisiert oder beruhen auf einem mehr oder weniger komplexen öffentlich zugänglichen Verfahren.) Daraus ergibt sich, daß der Algorithmus de facto nicht geheimgehalten werden kann. Das bedeutet wiederum, daß *die gesamte Sicherheit eines Kryptosystems auf der Geheimhaltung des Schlüssels beruht.*

Diese Forderung mag übertrieben erscheinen, sie ist aber äußerst realistisch: Für jemanden, der unsere Nachricht unberechtigterweise lesen will, ist es vergleichsweise einfach, in den Besitz des Algorithmus (z.B. einer 'Maschine') zu kommen. Dann weiß dieser böse Wicht bereits über den Chiffrieralgorithmus völlig Bescheid; er kennt aber (hoffentlich!) den aktuellen Schlüssel noch nicht.

Daraus ergibt sich zwingend, daß der Schlüssel auf 'sicherem Wege' übermittelt werden muß. Wozu dann das Ganze? Dann könnte man doch gleich die Nachricht auf diesem sicheren Kanal übertragen! — Dieser Einwand ist völlig berechtigt, er kann aber durch die folgenden Argumente wenn nicht widerlegt, so doch relativiert werden:

1. Die Nachricht ist in der Regel sehr lang, man wird aber den Schlüssel so kurz wie möglich (d.h. wie vertretbar) wählen. Der zusätzliche Aufwand für die sichere Übertragung des Schlüssels ist dann stark reduziert. Deshalb ist die Wahrscheinlichkeit, daß der Schlüssel abgehört wird, vergleichsweise gering.

2. Sender und Empfänger können den Zeitpunkt der Schlüsselübergabe frei wählen. Der Schlüssel kann zum Beispiel Tage vorher vereinbart werden. Demgegenüber muß die Nachricht oft zu einem Zeitpunkt übertragen werden, der von den Kommunikationspartnern nicht beeinflußt werden kann. (Man denke an politische Ereignisse, Börsenentwicklungen, usw.)

3. Mit Hilfe der sogenannten Public-Key-Systeme (siehe Kapitel 5) kann man die Schlüssel ohne Gefahr austauschen, um dann die Verschlüsselung mit Hilfe konventioneller Verfahren durchzuführen.

Wir weisen hier noch auf eine andere Gefahr hin. Wenn der Schlüssel ausgetauscht ist, muß er sicher gespeichert werden; es darf nicht möglich sein, den Schlüssel aus der Maschine auszulesen. Die Experten stimmen darin überein, daß ein Schlüssel nur dann sicher gespeichert ist, wenn das Gerät durch physikalische Maßnahmen unausforschbar gemacht wird.

Nun ist aber der Zeitpunkt gekommen, die Fronten zu wechseln. Die Kryptologie beschäftigt sich nämlich nicht nur damit, Systeme zur Geheimhaltung zu entwerfen; eine ihrer zentralen Aufgaben besteht darin, solche Systeme zu 'knacken' (oder dies jedenfalls zu versuchen!).

Spielen wir also die Rolle des Bösewichts. Etwas vornehmer wird das folgendermaßen ausgedrückt: Wir arbeiten als **Kryptoanalytiker** und führen eine **Kryptoanalyse** des Geheimtexts (bzw. des zu untersuchenden Kryptosystems) durch. Der Entwickler eines Kryptosystems muß immer mit der Möglichkeit rechnen, daß der Algorithmus dem Gegner (jedenfalls langfristig) bekannt wird. Außerdem empfichlt es sich, den Gegner nicht zu unterschätzen, sondern ihm höchste Intelligenz zuzubilligen; sein Name soll **Mr. X** sein (siehe Bild 1.4).

Bild 1.4 Mr. X

Wir stellen uns vor, daß Mr. X den folgenden Geheimtext abgefangen hat:

MRNBNA CNGC RBC WRLQC VNQA PNQNRV

Aufgrund gewisser Indizien ist er zu der Vermutung gelangt, daß dieser Geheimtext mit Hilfe einer Verschiebechiffre verschlüsselt wurde. (Beispielsweise könnte er eine der oben beschriebenen Chiffriermaschinen 'gefunden' haben.) Einen solchen Text kann man nun prinzipiell auf zwei Weisen analysieren.

1. *„Systematisches" Durchprobieren aller Möglichkeiten.*

Da es nur 26 Verschiebechiffren gibt, ist der Aufwand dafür nicht allzu groß. Mr. X kann den Aufwand aber noch erheblich reduzieren, indem er nicht auf den gesamten Text alle 26 Verschiebechiffren anwendet, sondern nur auf einen kleinen Textteil.

Betrachten wir zum Beispiel das „Wort" **RBC**. Probiert man alle „Verschiebungen" dieser Buchstabenfolge durch, so erkennt man leicht, daß unter allen möglichen Klartextäquivalenten das Wort **ist** als einziges einen Sinn ergibt. Daher ist es sehr wahrscheinlich, daß der Geheimtext durch eine Verschiebung um 9 Stellen gewonnen wurde. Mr. X verifiziert diese Vermutung, indem er den gesamten Text dechiffriert:

dieser text ist nicht mehr geheim.

Diese Methode, eine Verschiebechiffre zu brechen, ist deshalb so gut, weil die allermeisten Buchstabenkombinationen im Deutschen völlig bedeutungslos sind. Obwohl diese Beobachtung eine wichtige Grundlage für viele kryptoanalytische Verfahren ist, hat sie doch in der oben dargestellten Form einen gravierenden Nachteil. Diese Methode kann nämlich nicht (oder nur mit unangemessen hohem Aufwand) automatisiert werden. Wenn diese Methode von einem Rechner selbständig angewandt werden sollte, so muß dieser alle (oder jedenfalls sehr viele) deutsche Wörter gespeichert haben. Obwohl das prinzipiell möglich ist, würde man doch mit Kanonen nach Spatzen schießen. Dies kann man der folgenden Methode nicht vorwerfen.

2. *Statistische Analyse*

Im Deutschen (wie in jeder natürlichen Sprache) kommen die Buchstaben nicht gleich häufig vor; vielmehr hat jeder Buchstabe eine charakteristische Häufigkeit.

Diese Häufigkeiten sind in Tabelle 1.2 aufgelistet. (Bei der Erstellung dieser Tabelle haben wir Leer- und Satzzeichen nicht berücksichtigt; die Umlaute **ä**, **ö**, **ü** wurden wie **ae**, **oe**, **ue** behandelt.)

Solche Tabellen erhält man, indem man lange und verschiedenartige Texte auszählt. Es ist bemerkenswert, wie wenig die Häufigkeiten variieren (siehe Übungsaufgabe **10**). Natürlich gibt es erklärbare Differenzen:

Tabelle 1.2 Häufigkeiten der Buchstaben der deutschen Sprache

Buchstabe	Häufigkeit (in %)	Buchstabe	Häufigkeit (in %)
a	6,51	**n**	9,78
b	1,89	**o**	2,51
c	3,06	**p**	0,79
d	5,08	**q**	0,02
e	17,40	**r**	7,00
f	1,66	**s**	7,27
g	3,01	**t**	6,15
h	4,76	**u**	4,35
i	7,55	**v**	0,67
j	0,27	**w**	1,89
k	1,21	**x**	0,03
l	3,44	**y**	0,04
m	2,53	**z**	1,13

Ein von Zitaten strotzender zoologischer Text über den Einfluß von Ozon auf die Zebras im Zentrum von Zaire wird eine andere Häufigkeitsverteilung haben als ein Traktat über die amourösen Aventüren des Balthasar Matzbach am Rande des Panamakanals.

Wir können die Buchstaben gemäß der Häufigkeit ihres Auftretens in vier Gruppen einteilen. (In der ersten Gruppe sind die beiden häufigsten Buchstaben **e** und **n**, in der zweiten befinden sich die Buchstaben, deren Häufigkeit noch relativ groß (d.h. etwa 7%) ist; in der dritten Gruppe sind die Buchstaben zusammengefaßt, die eine kleine, aber noch merkliche Häufigkeit haben, während in der letzten Gruppe die vernachlässigbaren Buchstaben aufgeführt sind.)

Tabelle 1.3 Buchstabengruppen

Gruppe	Anteil der Buchstaben dieser Gruppe an einem Text
e, n	27,18%
i, s, r, a, t	34,48%
d, h, u, l, c, g, m, o, b, w, f, k, z	36,52%
p, v, j, y, x, q	1,82%

Was passiert nun, wenn wir einen (deutschen) Klartext chiffrieren? Nun, dann bleibt die Häufigkeitsverteilung der Buchstaben erhalten; allerdings sind die einzelnen Häufigkeiten nicht mehr ihren 'angestammten' Buchstaben zugeordnet. Zum Beispiel: Wird der Buchstabe **e** in **X** chiffriert, so wird **X** der häufigste Geheimtextbuchstabe sein; wird andererseits **y** mit **S** verschlüsselt, so wird **S** im Geheimtext fast nicht vorkommen.

Konkret geht Mr. X bei einer Kryptoanalyse so vor: Zunächst zählt er per Strichliste, wie oft die einzelnen Buchstaben im Geheimtext enthalten sind. In unserem Beispiel ergibt sich:

Buchstabe:	**A B C D E F G H I J K L M N O P Q R S T U V W X Y Z**
Häufigkeit:	**2 2 4 0 0 0 1 0 0 0 0 1 1 6 0 1 3 4 0 0 0 2 1 0 0 0.**

Der Buchstabe mit der größten Häufigkeit ist **N**; also können wir in erster Näherung von der Vermutung ausgehen, daß **N** der dem Klartextbuchstaben **e** entsprechende Buchstabe ist.

Achtung: Da alles auf Statistik beruht, ist nichts 100%ig sicher! Mr. X muß also nach Bestätigungen seiner Vermutung Ausschau halten. Wenn seine Vermutung richtig ist, so liegt eine Verschiebung um 9 Stellen vor. Dann müßte **R** dem Klartextbuchstaben **i** entsprechen (das bestätigt seine Hypothese, da **R** relativ häufig vorkommt), und **W** müßte das Geheimtextäquivalent von **n** sein — das stimmt ihn bedenklich, da **W** nur einmal auftaucht. Andererseits kommen **A**, **B**, **C** relativ häufig vor (sie müßten **r**, **s**, **t** entsprechen), und die Äquivalente von **x**, **y**, **z** (nämlich **G**, **H**, **I**) treten praktisch nicht in Erscheinung.

Also wird Mr. X aller Bedenken zum Trotz versuchen, so zu entschlüsseln, wie er zunächst vermutet hatte. Er erhält einen sinnvollen Klartext, und damit ist seine Vermutung endgültig bestätigt.

Hier sind einige Bemerkungen angebracht. Das zweite Verfahren hat den unbestreitbaren Vorteil, daß es von einem Computer leicht allein durchgeführt werden kann. Da hier aber statistische Überlegungen die entscheidende Rolle spielen, muß man eine gewisse Vorsicht walten lassen. Insbesondere bei kurzen Texten kann die naive Suche nach dem häufigsten Buchstaben auf einen Holzweg führen. Wenn man aber noch die Häufigkeiten einiger anderer Buchstaben in Rechnung stellt, kann man Algorithmen entwerfen, die auch bei sehr kurzen Texten erfolgreich sind (vergleiche Übungsaufgabe **14**). Auf alle Fälle ist meine persönliche Erfahrung, daß ich bei der praktischen Kryptoanalyse begonnen habe, an Statistik zu glauben.

1.3 Monoalphabetische Chiffrierungen

Eine Chiffrierung heißt **monoalphabetisch**, falls jeder Buchstabe des Alphabets stets zu demselben (Geheimtext-) Buchstaben chiffriert wird. Eine monoalphabetische Chiffrierung kann man also immer so darstellen, daß man unter das „Klartextalphabet" ein „Geheimtextalphabet" schreibt. Zum Beispiel stellen die folgenden Chiffriermethoden monoalphabetische Chiffrierungen dar:

Klartext:	**a b c d e f g h i j k l m n o p q r s t u v w x y z**
Geheimtext:	**Q W E R T Z U I O P A S D F G H J K L Y X C V B N M.**

Klartext:	**a b c d e f g h i j k l m n o p q r s t u v w x y z**
Geheimtext:	$\aleph\ \infty\ \mathbb{C}\ \partial\ \otimes\ \sim\ \approx\ \hbar\ \downarrow\ \vert\ \vert\ \Vert\ \angle\ \mathbb{N}\ \leftarrow\ \uparrow\ \cdot\ \mathbf{R}\ \int\ \perp\ \rightarrow\ \nabla\ \oplus\ \times\ \pm\ \surd$

Das letzte $\infty\otimes\downarrow\int\uparrow\downarrow\otimes\Vert$ soll Sie nur daran erinnern, daß Klartext und Geheimtext nicht über demselben Alphabet definiert sein müssen. Ist dies jedoch der Fall, so entspricht jeder monoalphabetischen Chiffrierung eine Permutation der Buchstaben des Alphabets; umgekehrt kann man jeder Permutation der Buchstaben eine monoalphabetische Chiffrierung zuordnen. Daraus ergibt sich insbesondere, daß es genau

$$26! = 26 \cdot 25 \cdot \ldots \cdot 2 \cdot 1 = 403.291\,461.126\,605.635\,584.000\,000 \approx 4 \cdot 10^{26}$$

monoalphabetische Chiffrierungen über dem natürlichen Alphabet {**a**, **b**, **c**, . . ., **z**} gibt.

In diesem Kapitel werden wir diese riesige Menge von Chiffrieralgorithmen studieren. Zunächst werden wir einige weitere Beispiele betrachten, um uns dann klar zu machen, daß monoalphabetische Chiffrierungen bei weitem nicht so sicher sind, wie ihre beeindruckende Zahl glauben machen möchte.

1.4 Tauschchiffren

Wenn man zum Verschlüsseln von Buchstaben Rechner verwenden will, so identifiziert man üblicherweise **a** (bzw. **A**) mit **1**, **b** (bzw. **B**) mit **2**, und so weiter; **x** identifiziert man mit **24**, **y** mit **25** und **z** mit **0**. Mit dieser Darstellung kann man eine Verschiebechiffre besonders gut beschreiben: Eine Verschiebung um, sagen wir, s Stellen entspricht nämlich einer Addition der Zahl s. Konkret geht man dabei so vor:

- Zunächst wird der Klartextbuchstabe in die ihm entsprechende Zahl übersetzt;

- dann wird zu dieser Zahl die Zahl s addiert;
- vom Ergebnis betrachten wir nur den Rest, der sich beim Teilen durch 26 ergibt; dieser Rest wird wieder in einen Buchstaben zurückübersetzt. (Man sagt dazu auch, man rechnet „modulo 26".)

So erhält man den zugehörigen Geheimtextbuchstaben.

Beispiel. Wir wollen den Klartextbuchstaben **a** mit einer Verschiebechiffre, die um 3 Stellen verschiebt, chiffrieren.

- **a** wird durch die Zahl **1** dargestellt;
- $\mathbf{1 + 3 = 4}$;
- **4** ist die Darstellung des Geheimtextbuchstabens **D**.

Bei der Dechiffrierung von **B** geht man so vor:

- **B** entspricht der Zahl **2**;
- $\mathbf{2 - 3 = -1}$;
- der Rest von **–1** bei Division durch **26** ist **25**;

dieser Rest entspricht dem Klartextbuchstaben **y**.

Mit dieser Methode kann man Buchstaben sozusagen *addieren*. Interessanter wird die Sache, wenn wir Buchstaben *multiplizieren*. Dies geschieht auf folgende Weise:

Um einen Buchstaben mit einer Zahl t zu multiplizieren, rechnen wir wieder modulo 26. Das heißt, wir multiplizieren die dem Buchstaben entsprechende Zahl mit t und betrachten den Rest bei Division durch 26. Dann ist der diesem Rest entsprechende Buchstabe das Ergebnis dieser „Multiplikation".

Multipliziert man den Wert eines jeden Klartextbuchstaben mit der Zahl 2, so erhält man

"Klartext":	**a b c d e f g h i j k l m n o p q r s t u v w x y z**
"Geheimtext":	**B D F H J L N P R T V X Z B D F H J L N P R T V X Z.**

Wir sehen, daß jeweils zwei Buchstaben (zum Beispiel **h** und **u**) dasselbe „Produkt" (in unserem Beispiel **P**) ergeben. Daher können wir diese Substitution nicht als Chiffre verwenden. Für jede Chiffrierung muß nämlich die bislang zwar unausgesprochene, aber selbstverständliche Regel gelten, daß *der Klartext mit Hilfe des Schlüssels* **eindeutig** *aus dem Geheimtext rekonstruierbar sein muß.* (Manche halten diese Regel für zu restriktiv; man kann sie aber abschwächen und zugleich begründen: *Jeder Geheimtext soll mit Hilfe des Schlüssels* **von einem Computer** *dechiffrierbar sein!*)

Versuchen wir unser Glück nochmals, und multiplizieren wir alle Buchstaben mit der Zahl 3:

Klartext:	**a b c d e f g h i j k l m n o p q r s t u v w x y z**
Geheimtext:	**C F I L O R U X A D G J M P S V Y B E H K N Q T W Z.**

In diesem Fall erhalten wir tatsächlich eine monoalphabetische Chiffrierung. Durch Ausprobieren (vergleiche Übungsaufgabe **18**) sieht man ohne Mühe, daß man genau dann eine (monoalphabetische) Chiffrierung erhält, wenn man mit einer der Zahlen **1, 3, 5, 7, 9, 11, 15, 17, 19, 21, 23** oder **25** multipliziert; die so erhaltenen Chiffrierungen nennt man **multiplikative** Chiffren.

Es gibt (inklusive der trivialen Chiffre) also genau 12 multiplikative Chiffrierungen; ihre Anzahl ist also noch kleiner als die der Verschiebechiffren. Daher werden wir von ihnen nur eine äußerst geringe kryptographische Sicherheit erwarten.

Man kann aber Verschiebechiffren und multiplikative Chiffren miteinander kombinieren. Dazu addieren wir zunächst zu einem Klartextbuchstaben eine Zahl s, fassen das Ergebnis wieder als Klartextbuchstaben auf und multiplizieren dies dann mit einer weiteren Zahl t. Man erhält nach dieser Vorschrift wieder eine Chiffre, eine sogenannte **Tauschchiffre**, die wir mit [s,t] bezeichnen.

Der **Schlüssel** der Tauschchiffre [s,t] besteht aus dem Zahlenpaar (s,t). (Natürlich muß bei jeder Tauschchiffre die Zahl t so gewählt sein, daß die Multiplikation mit t eine multiplikative Chiffre ist; t muß also eine der oben genannten Zahlen **1, 3, 5, 7, 9, 11, 15, 17, 19, 21, 23, 25** sein.)

Die Anzahl der Tauschchiffren errechnet sich als die Anzahl aller Verschiebechiffren mal der Anzahl aller multiplikativen Chiffren; die Anzahl der Tauschchiffren ist demgemäß gleich $26 \cdot 12 = 312$. Diese Zahl ist schon so groß, daß man sich bei einer Kryptoanalyse 'von Hand' nicht ganz leicht tut, wenn man alle Möglichkeiten systematisch durchprobieren will. (Siehe aber die Übungsaufgaben **15**, **16**, **17**.) Wir geben zur Lösung dieses Problems keinen speziellen Algorithmus an, da wir im übernächsten Abschnitt ohnedies alle monoalphabetischen Chiffrierungen analysieren werden.

1.5 Schlüsselwörter

Eine riesige Menge von monoalphabetischen Chiffren erhält man auf folgende Art und Weise: Der **Schlüssel** besteht aus zwei Komponenten, einem **Schlüsselwort** und einem **Schlüsselbuchstaben**. Zunächst mache man aus dem Schlüsselwort eine Buchstabenfolge, in der jeder Buchstabe nur einmal vorkommt. Dies wird dadurch erreicht, daß jeder Buchstabe bei seinem zweiten, dritten, . . . Auftreten gestrichen wird. Haben wir beispielsweise das Schlüsselwort

GEHEIMSCHRIFT

gewählt, so ergibt sich die Folge

GEHIMSCRFT.

Nun schreibe man diese Folge unter das Klartextalphabet, und zwar so, daß man genau unter dem Schlüsselbuchstaben beginnt. Haben wir in unserem Beispiel als Schlüsselbuchstaben „e" gewählt, so erhalten wir

Klartext:	**a b c d e f g h i j k l m n o p q r s t u v w x y z**
Geheimtext:	**G E H I M S C R F T**

Anschließend schreibt man die restlichen Geheimtextbuchstaben in alphabetischer Reihenfolge auf, indem man nach dem letzten Schlüsselwortbuchstaben beginnt. In unserem Beispiel ergibt sich:

Klartext:	**a b c d e f g h i j k l m n o p q r s t u v w x y z**
Geheimtext:	**W X Y Z** G E H I M S C R F T **A B D J K L N O P Q U V**.

Da man die Anzahl der Schlüsselwörter nicht genau angeben kann, kann man auch die Anzahl dieser Chiffrierungen nicht präzise bestimmen. Klar ist jedoch, daß ihre Zahl sehr groß ist. Formal könnte man sogar sagen, daß man *alle* monoalphabetischen Chiffrierungen mit Hilfe von (dann allerdings zum großen Teil sehr seltsamen) Schlüsselwörtern erhält.

1.6 Kryptoanalyse

Die „Philosophie" der modernen Kryptoanalyse wird durch das Prinzip von Kerckhoffs beschrieben; dies wurde erstmals in dem Buch *La cryptographie militaire* (1883) des niederländischen Philologen Jean Guillaume Hubert Victor François Alexandre Auguste **Kerckhoffs von Nieuwenhof** (1835 bis 1903) formuliert, wie sein Name in vollem barockem Glanze lautet.

Das Prinzip von Kerckhoffs. *Die Sicherheit eines Kryptosystems darf nicht von der Geheimhaltung des Algorithmus abhängen. Die Sicherheit gründet sich nur auf die Geheimhaltung des Schlüssels.*

Dies ist eine grundsätzliche Warnung an den Entwickler eines Kryptosystems. Er darf auf keinen Fall so blauäugig sein anzunehmen, Mr. X hätte keine Möglichkeit, Kenntnis des Algorithmus zu erlangen. Die Geschichte der Kryptographie ist voll von Beispielen, wo der Erfinder eines Kryptosystems sein Vertrauen darauf gründete, daß sein Algorithmus nie bekannt werden könnte.

Im Gegenteil: Das Ziel der modernen Kryptographie muß es sein, Systeme zu entwickeln, die auch dann noch sicher bleiben, wenn der Algorithmus lange Zeit öffentlich diskutiert wurde. Ein hervorragendes Beispiel dafür ist der DES-Algorithmus (vergleiche Übungsaufgabe **22**).

Ein Kryptoanalytiker sieht sich von Fall zu Fall unterschiedlichen Voraussetzungen gegenüber. Man unterscheidet folgende Typen von Attacken:

1. Known-ciphertext-attack:
Der Kryptoanalytiker kennt ein relativ großes Stück Geheimtext. Dies ist eine außerordentlich realistische Annahme, da es in der Regel ganz einfach ist, sich (beliebig lange) Stücke Geheimtext zu verschaffen.

2. Known-plaintext-attack:
Der Kryptoanalytiker kennt ein (vergleichsweise kleines) Stück von zusammengehörigem Klartext/Geheimtext. Diese Hypothese ist realistischer als sie auf den ersten Blick erscheint. Denn oft 'weiß' Mr. X, worum es geht, und kann also zumindest einige Schlagworte erraten. Außerdem finden sich in der Regel standardisierte Eröffnungs- und Schlußfloskeln, und so weiter.

3. Chosen-plaintext-attack:
Hat der Kryptoanalytiker Zugang zum Verschlüsselungsalgorithmus (mit dem aktuellen Schlüssel!), so kann er, um den Schlüssel zu erschließen, auch selbstgewählte Stücke Klartext verschlüsseln und versuchen, aus dem erhaltenen Geheimtext Rückschlüsse auf die Struktur des Schlüssels zu ziehen. Er könnte etwa der Maschine besonders regelmäßige Klartexte unterjubeln, zum Beispiel Folgen aus demselben Buchstaben (**aaa** ...), mit dem Auftrag, diese zu verschlüsseln. Die Gefahr eines solchen Angriffs besteht darin, daß es gelingen könnte, das Verschlüsselungsgerät dazu zu bringen, *scheinbar* harmlose Nachrichten zu verschlüsseln, mit Hilfe derer dann Mr. X eine Nachricht verschlüsseln kann, die der Sender nie verschlüsselt hätte. Wie gefährlich dieser Angriff ist, wird besonders deutlich, wenn man daran denkt, daß manche Kryptogeräte nicht nur verschlüsseln, sondern auch „unterschreiben" können (siehe Kapitel 5): Wenn der Algorithmus so schwach ist, daß er diesen Angriff zuläßt, so könnte Mr. X unter diesen Umständen aus harmlos erscheinenden unterschriebenen Nachrichten ein brisantes, gültig unterschriebenes Dokument komponieren!

*

Jede monoalphabetische Chiffrierung einer natürlichen Sprache kann ziemlich leicht geknackt werden. Wir werden uns nun klarmachen, daß jede monoalphabetische Chiffrierung (einer natürlichen Sprache!) schon unter der äußerst schwachen (weil äußerst realistischen) Annahme **1.** zu knacken ist. Wir werden hier allerdings nur einen 'prinzipiellen' Algorithmus vorstellen. Sein Ziel ist es, Sie zu überzeugen, daß monoalphabetische Chiffriermethoden äußerst unsicher sind. Der Algorithmus beruht auf der Tatsache, daß die –ehn haeu–i–sten –u–hsta–en i– deuts–hen –ereits drei –ierte– des –esa–tte–tes –i–den.

Stellen wir uns vor, Mr. X hätte einen Geheimtext von etwa 500 Buchstaben abgefangen, von dem er weiß (oder auch nur vermutet), daß er mit Hilfe einer monoalphabetischen Chiffrierung verschlüsselt wurde.

Schritt 1. Zunächst stellt Mr. X die Häufigkeiten der Buchstaben des Geheimtextes fest. Dadurch kann er das Äquivalent von **e**, das von **n**, sowie die nächsthäufigsten Buchstaben **i**, **s**, **r**, **a**, **t** feststellen. Die einzelnen Buchstaben kann er dabei in der Regel noch nicht identifizieren; aber er weiß, welche Buchstaben der *Menge* der Klartextbuchstaben **i**, **s**, **r**, **a**, **t** entsprechen.

Schritt 2. Nun zählt Mr. X die **Bigramme**, das heißt Paare aufeinanderfolgender Buchstaben. Die häufigsten Bigramme der deutschen Sprache sind in Tabelle 1.4 aufgelistet.

Tabelle 1.4 Häufigkeiten der Bigramme der deutschen Sprache

Buchstabenpaar	Häufigkeit	Buchstabenpaar	Häufigkeit
en	3,88%	**nd**	1,99%
er	3,75%	**ei**	1,88%
ch	2,75%	**ie**	1,79%
te	2,26%	**in**	1,67%
de	2,00%	**es**	1,52%

Damit kann er nun die nächsthäufigsten Buchstaben isolieren. Zum Beispiel hat das Paar **er** eine sehr große Häufigkeit, während alle anderen Kombinationen der kritischen Buchstaben mit **e** ziemlich selten vorkommen. (**ea** und **et** sind wirklich sehr selten (unter 0,5%), und auch **es** kommt mit signifikant geringerer Häufigkeit vor. Das Paar **ei** könnte eine Konkurrenz sein; diese kann man aber dadurch ausschalten, daß man das inverse Paar testet: Nur bei diesem Paar ist es so, daß es sowohl in Originalreihenfolge als auch in umgekehrter Reihenfolge praktisch gleich häufig vorkommt. Damit kann Mr. X die zunächst ununterscheidbaren „zweithäufigsten" Buchstaben **i**, **s**, **r**, **a**, **t** isolieren. Ferner kann er die Buchstaben **c** und **h** daran erkennen, daß sie zwar ein extrem häufiges Paar bilden, aber einzeln betrachtet nur ganz selten auftauchen.

So kann er viele der häufigsten Buchstaben ziemlich zweifelsfrei identifizieren; dies sind die Buchstaben **e**, **n**, **i**, **s**, **r**, **a**, **t**, **h**, **c**, die zusammen mehr als zwei Drittel eines Textes ausmachen. Wir halten fest, daß dies völlig automatisch von einem Computer durchgeführt werden kann!

Schritt 3. Nun läßt Mr. X den Computer die erkannten Buchstaben im gesamten Text übersetzen. Mit anderen Worten: Der Computer entschlüsselt die bekannten Teile des Textes. Dieser wird auf dem Bildschirm angezeigt, wobei die nichtentschlüsselten Buchstaben zweckmäßigerweise durch Leerzeichen ersetzt werden.

In aller Regel ist dieser Text noch nicht, oder jedenfalls nur äußerst mühsam zu entziffern. Weitere Buchstaben kann der intelligente Mr. X dann leicht *raten*! Dies tut er auch und läßt sich den Text jeweils probeweise mit den geratenen zusätzlichen Identifikationen anzeigen. Nach zwei oder drei Schritten ist er zu einem sehr gut lesbaren Text gelangt.

*

Wir fassen zusammen: Monoalphabetische Chiffrierungen über natürlichen Sprachen sind bemerkenswert unsicher. (Eine **natürliche Sprache** hat wenig Buchstaben, die ziemlich ungleichmäßig verteilt sind.) Heutzutage verwendet man deshalb entweder monoalphabetische Chiffrierungen über *nichtnatürlichen* Sprachen oder *poly*alphabetische Chiffrierungen.

Die populärste monoalphabetische Chiffrierung ist der DES, der **D**ata **E**ncryption **S**tandard. Dieser Algorithmus wurde im wesentlichen von IBM entwickelt und 1977 standardisiert. (Für eine Geschichte dieses Algorithmus siehe [DP89] und [FR88].) Der DES verschlüsselt nicht Buchstaben, sondern die Symbole 0 und 1, und zwar jeweils 64 auf einen Streich. (Wird der DES benutzt, um gewöhnlichen Text zu chiffrieren, müssen die Buchstaben zuvor in Bitfolgen übersetzt werden. Eine Methode, dies zu tun, ist der sogenannte ASCII-Code, den wir in Kapitel 5 kennenlernen werden.) Es stellt sich heraus, daß der DES ein monoalphabetischer Algorithmus über dem „Alphabet" $\{(a_1, \ldots, a_{64}) \mid a_i \in \{0,1\}\}$ ist. Das heißt, daß die Elemente des Klar- und des Geheimtextalphabets die binären Folgen der Länge 64 sind. Als Schlüssel kommen alle binären Folgen aus 56 Bits in Frage; daher gibt es genau $2^{56} \approx 7 \cdot 10^{16}$ verschiedene Schlüssel.

Dieser Algorithmus wurde von Anfang an vollständig publiziert — es war der erste Algorithmus der Geschichte, bei dem das der Fall war. In Übungsaufgabe **22** ist ein Teil des Textes zitiert. Das gesamte Dokument ist in [BP82] abgedruckt. Der DES wird vor allem im Bankenbereich erfolgreich eingesetzt. Mehr oder weniger regelmäßig auftauchende Gerüchte, er sei geknackt, haben sich bisher nie bestätigt und konnten jedenfalls seiner Verbreitung nichts anhaben. Im Gegenteil: Der im Jahre 1990 vorgestellte Angriff von Eli Biham und Adi Shamir [BS91] vermittelt die Einsicht, daß der DES ein nach hervorragenden Prinzipien entwickelter Algorithmus ist; er ist (unter der Voraussetzung der relativ kurzen Schlüssellänge) ein sehr sicherer Algorithmus; allerdings besteht auch die allgemeine Überzeugung, daß die Schlüssellänge größer sein sollte. Die Zielrichtung der Arbeit von Biham und Shamir war allerdings eine andere: Sie wollten den DES analysieren, und eines ihrer Ergebnis ist in der Tat, daß viele DES-ähnlichen Algorithmen durch diese geistreiche Analyse erledigt sind.

Mit einer neuerlichen Verfeinerung ihrer Analyse scheint es Biham und Shamir aber tatsächlich gelungen zu sein, auch den DES ernsthaft anzuknacken ([BS93]). Die wesentliche Voraussetzung für den Erfolg dieser Analyse ist aber die Möglichkeit einer chosen plaintext attack: Mr. X muß eine sehr große Zahl (etwa 2^{47}) von Klartexten wählen und die Maschine dazu bringen, ihm diese zu verschlüsseln!

Als Fazit halten wir fest: Die von Biham und Shamir entdeckte Methode ist unzweifelhaft genial, aber sie kann in den meisten Anwendungsszenarien ihr Unwesen nicht treiben. Zum Beispiel wird niemand auf diese Weise die mit (DES berechnete) Geheimzahl, die zu Ihrer Eurocheckkarte paßt, knacken können.

Übungsaufgaben

1. Wie lautet der Klartext, der zu folgendem, mittels einer Skytale chiffrierten Geheimtext gehört?

ISADTPIHEHNNCSDIROOILTAIHTAEAS
NFEZCSWESSNISFIUKTUJSESTCRCKE!

2. Basteln Sie sich eine Skytale. [Anstelle eines Zylinders kann man zum Dechiffrieren auch ein ebenes steifes Stück Papier benutzen.]

(a) Probieren Sie die Skytale aus.

(b) Beschreiben Sie diese Chiffriermethode, indem Sie die Wörter „Algorithmus" und „Schlüssel" benutzen.

(c) Wie groß ist – ungefähr – die Anzahl der Schlüssel ?

(d) Würden Sie den Algorithmus als sicher einstufen ?

3. Der **Gartenzaun-Verschlüsselungsalgorithmus** kann am besten durch ein Beispiel beschrieben werden:

Klartext: **I A N E G T S**
S D S I G T R L O I H U ?
T E U A R M

Geheimtext: **IANEGTSSDSIGTRLOIHU?TEUARM**.

(a) Beschreiben Sie diesen Algorithmus in Worten.

(b) Ist dies ein Transpositions- oder ein Substitutionsalgorithmus?

4. Und Caesar sprach: **SBKF SFAF SFZF**.

5. Basteln Sie aus zwei Papierscheiben die in Bild 1.3 dargestellte Chiffriermaschine.

6. Warum nennt man die Verschiebechiffren auch „additive" Chiffren?

▸**7.** Manchmal nennt man Tauschchiffren auch **affine Chiffren**. Warum? Um die Antwort zu finden, sollten Sie in irgendeinem Geometriebuch nachsehen, zum Beispiel in Coxeters „Unvergängliche Geometrie" [Cox63].

@**8.** Erstellen Sie ein Programm, das eine monoalphabetische Chiffre realisiert. Ein einzugebender Klartext soll mittels eines vom Benutzer zu wählenden Schlüssels chiffriert werden.

9. Suchen Sie (sinnvolle) deutsche Wörter, die mittels einer Verschiebechiffre auseinander hervorgehen.

10. Ermitteln Sie die Häufigkeiten der Buchstaben in mindestens fünf verschiedenen deutschen Texten mit 1000 Buchstaben.

11. Suchen Sie einen Klartext von mindestens 50 Buchstaben, bei dem **e** nicht der häufigste Buchstabe ist. [Das ist zu hart für mich als Autor!]

* * *

Zusatzinformation: Es ist kaum zu glauben, aber es gibt eine alte literarische Tradition, deren Ziel es ist, Texte ohne einen bestimmten, vorher gewählten Buchstaben zu verfassen. Solche Texte werden **lipogrammatisch** (auch **leipogrammatisch**) genannt. Der erste lipogrammatische Schriftsteller soll der Grieche Lasos von Achaia gewesen sein, der im sechsten vorchristlichen Jahrhundert lebte. Die lipogrammatische Idee war fast immer in der Geschichte eine Herausforderung an die Schriftsteller; so gab es zum Beispiel Versuche, die 24 Gesänge von Homers Ilias lipogrammatisch umzudichten: den ersten Gesang ohne den Buchstaben α, den zweiten ohne β, . . ., den letzten schließlich ohne ω. Ein Höhepunkt lipogrammatischer

Literatur ist zweifellos der 1969 erschienene Roman *La Disparition* des französischen Schriftstellers George **Perec**: Keines seiner etwa 85.000 Wörter enthält den Buchstaben **e**. Mindestens genauso bewundernswert ist, daß dieser Roman lipogrammatisch übersetzt wurde: Unter dem Titel *Anton Voyls Fortgang* hat Eugen **Helmlé** dieses Kunststück vollbracht. (Ist es Zufall, daß die Namen des Autors und seines Übersetzers vor **e**'s geradezu strotzen?) Der interessierte Leser sei auf das äußerst lehrreiche Nachwort von [Per86] hingewiesen.

* * *

12. Zählen sie die Bigramme in mindestens zwei verschiedenen Texten, die aus je 1000 Buchstaben bestehen.

@**13.** Entwerfen Sie ein Programm, das die Häufigkeiten von Buchstaben eines einzugebenden Textes bestimmt.

@**14.** Man entwerfe einen Algorithmus, der einen mittels einer Verschiebechiffre verschlüsselten Geheimtext von 30 Buchstaben sicher knackt, wenn er nur die Buchstabenhäufigkeiten kennt.

15. (a) Man dechiffriere **V F A B L N**, wenn man weiß, daß eine Tauschchiffre [7,t] benutzt wurde und der Klartext ein deutscher Mädchenname ist.
(b) Man dechiffriere **H N K V B X**, wenn man weiß, daß eine Tauschchiffre [s,3] benutzt wurde und der Klartext ein deutscher Mädchenname ist.

16. (a) Zeigen Sie, daß bei jeder multiplikativen Chiffrierung **m** auf **M** und **z** auf **Z** abgebildet wird.
(b) Durch wieviel korrespondierende Klartext/Geheimtext-Buchstabenpaare ist eine Tauschchiffre eindeutig festgelegt?

@**17.** Indem man die Ergebnisse der vorigen Aufgabe verwendet, entwerfe man einen Algorithmus zum Brechen einer Tauschchiffre bei bekanntem Geheimtext.

18. (a) Genau dann ergibt die Multiplikation mit t eine Chiffrierung, wenn t und 26 **teilerfremd** sind (d.h., wenn der größte gemeinsame Teiler von t und 26 gleich 1 ist).
(b) Wieviele multiplikative Chiffrierungen besitzt ein Alphabet mit 25 (bzw. 27, bzw. 29) Buchstaben?

@**19.** Entwerfen Sie einen Algorithmus, der mit Hilfe einer Schlüsselwortchiffre chiffriert. (Planen Sie das Programm so, daß das Schlüsselwort und der Schlüsselbuchstabe vom Benutzer gewählt werden kann.)

▸**20.** Man knacke folgenden Geheimtext, von dem ich Ihnen nur verrate, daß er mit Hilfe einer Schlüsselwortchiffrierung mit deutschsprachigem Schlüsselwort erstellt wurde:

YZBY YZBKJYNGJBO ZB XZY MZHHYBHWNUKI LCA LYGHWNTJYHHYTB LYGVYGOYB JBX LYGNYZATZWNYB CNBY UTTY OYNYZABZHRGUYAYGYZ UVYG BZWNI CNBY NZBITGTZHIZOYB HWNUTR XUGOYHIYTTI SJA BJISYB JBX YGOCYISYB XYH UTTOYAYZBYB DJVTZRJAH.

21. (a) Was sind besonders häufige bzw. besonders seltene Bigramme im Deutschen? Überlegen Sie zuerst und verifizieren Sie Ihre Überlegungen anschließend.
(b) Verbessern Sie Schritt 2 des Vorschlags für eine Kryptoanalyse eines monoalphabetisch verschlüsselten Textes.

22. Lesen Sie sorgfältig das folgende offizielle Dokument, das der standardisierte Text für den DES ist. Überprüfen Sie, ob die allgemeinen Bemerkungen richtig sind. Wo ist das Prinzip von Kerckhoffs beschrieben?

Federal Information
Processing Standards Publication 46
1977 January 15
ANNOUNCING THE
DATA ENCRYPTION STANDARD

Name of Standard: Data Encryption Standard (DES).

Category of Standard: Operations, Computer Security.

Explanation: The Data Encryption Standard (DES) specifies an algorithm to be implemented in electronic hardware devices and used for the cryptographic protection of computer data. This publication provides a complete description of a mathematical algorithm for encrypting (enciphering) and decrypting (deciphering) binary coded information. Encrypting data converts it to an unintelligible form called cipher. Decrypting cipher converts the data back to its original form. The algorithm described in this standard specifies both enciphering and deciphering operations which are based on a binary number called a key. The key consists of 64 binary digits ('0's or '1's) of which 56 bits are used directly by the algorithm and 8 bits are used for error detection.

Binary coded data may be cryptographically protected using the DES algorithm in conjunction with a key. Each member of a group of authorized users of encrypted computer data must have the key that was used to encipher the data in order to use it. This key, held by each member in common, is used to decipher the data received in cipher form from other members of the group. The encryption algorithm specified in this standard is commonly known among those using the standard. The unique key chosen for use in a particular application makes the results of encrypting data using the algorithm unique. Selection of a different key causes the cipher that is produced for any given set of inputs to be different. The cryptographic security of the data depends on the security provided for the key used to encipher and decipher the data.

Data can be recovered from cipher only by using exactly the same key used to encipher it. Unauthorized recipients of the cipher who know the algorithm but do not have the correct key cannot derive the original data algorithmically. However, anyone who does have the key and the algorithm can easily decipher the cipher and obtain the original data. A standard algorithm based on a secure key thus provides a basis for exchanging encrypted computer data by issuing the key used to encipher it to those authorized to have the data.

Applications: Data encryption (cryptography) may be utilized in various applications and in various environments. In general, cryptography is used to protect data while it is being communicated between two points or while it is stored in a medium vulnerable to physical theft. Communication security provides protection to data by enciphering it at the transmitting point and deciphering it at the receiving point. File security provides protection to data by enciphering it when it is recorded on a storage medium and deciphering it when it is read back from the storage medium. In the first case, the key must be available at the transmitter and receiver simultaneously during communication. In the second case, the key must be maintained and accessible for the duration of the storage period.

Qualifications: The cryptographic algorithm specified in this standard transforms a 64-bit binary value into a unique 64-bit binary value based on a 56-bit variable. If the complete 64-bit input is used (i.e., none of the input bits should be predeterminated from block to block) and if the 56-bit variable is randomly chosen, no technique other than trying all possible keys using known input and output for the DES will guarantee finding the chosen key. As there are over 70,000,000,000,000,000 (seventy quadrillion) possible keys of 56 bits, the feasibility of deriving a particular key in this way is extremely unlikely in typical threat environments. Moreover, if the key is changed frequently, the risk of this event is greatly diminished. However, users should be aware that it is theoretically possible to derive the key in fewer trials (with a correspondingly lower probability of success depending on the number of keys tried) and should be cautioned to change the key as often as practical. Users must change the key and provide it a high level of protection in order to minimize the potential risks of its unauthorized computation or acquisition.

When correctly implemented and properly used, this standard will provide a high level of cryptographic protection to computer data.

Viele „Geheimschriften", die (nicht nur) Kinder begeistert ausprobieren, haben das Prinzip, daß die Buchstaben gleich bleiben, aber gemäß mehr oder weniger trickreicher Muster ihre Plätze wechseln. Ein Beispiel soll hier dargestellt werden.

23. Für diese Verschlüsselung brauchen Sender und Empfänger identische Schablonen. Eine solche Schablone ist ein Rechteck, aus dem einige quadratische Löcher ausgeschnitten sind. Der Sender legt die Schablone auf ein Blatt Papier und schreibt seine Nachricht in der 'richtigen' Reihenfolge durch die Löcher, und zwar einen Buchstaben pro Loch. Danach entfernt er die Schablone und füllt die leeren Stellen mit beliebigen Buchstaben auf. Falls seine Nachricht mehr Buchstaben hat als die Schablone Löcher, muß er die Schablone mehrfach anlegen. Die verschlüsselte Nachricht wird dann dem Empfänger geschickt, der sie leicht lesen kann, indem er mit seiner Schablone die verwirrenden Buchstaben ausblendet (vergleiche Bild 1.5).

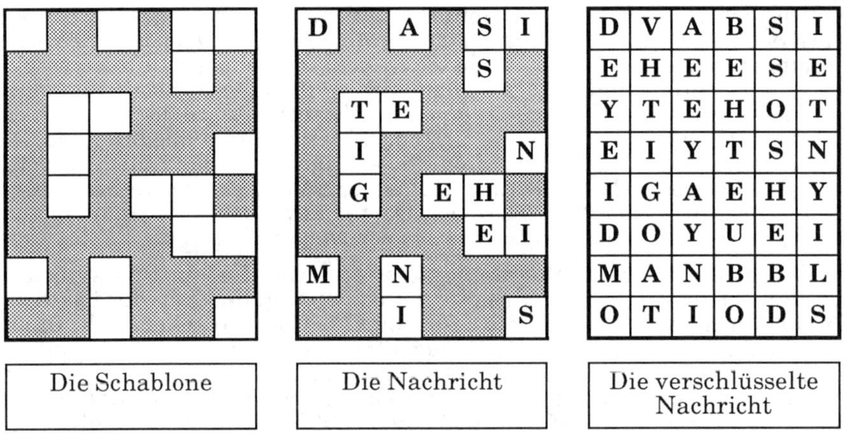

Bild 1.5 Ein Verschlüsselungsbeispiel mit Papier und Bleistift

(a) Probieren sie diese Verschlüsselungsmethode aus. [Hinweis: Für die Buchstaben zur Verschleierung benutze ich Buchstaben normaler Sätze, verteile sie aber zufällig in dem Rechteck. Dies hat einen kryptologischen Vorteil: Die Buchstaben haben die 'richtige' Häufigkeitsverteilung. Der andere Vorteil ist psychologischer Art: Sie können auf diese Weise Gedanken formulieren, die später niemand — nicht einmal Sie selbst — wieder lesen können!]
(b) Ist dieser Algorithmus eine Transpositions- oder eine Substitutionschiffre?
(c) Welches sind die Schlüssel? Schätzen Sie die Anzahl der Schlüssel ab!
(d) Unter welchen Umständen hat Mr. X eine Chance, einen so verschlüsselten Text zu knacken?
(e) Entschlüsseln Sie das folgende Kryptogramm:

H	K	A	C	P	P
T	E	B	M	Y	O
U	B	I	H	F	O
R	R	T	S	E	T
E	H	V	D	A	D
L	A	E	Y	Y	T
O	A	Y	S	M	R
H	E	O	C	O	U

24. Lesen Sie Edgar Allan **Poe**'s Erzählung *Der Goldkäfer*. [Bei der Lösung dieses Krimis spielt die Analyse einer monoalphabetischen Chiffre eine entscheidende Rolle!]

Kapitel 2

Wörter und Würmer oder Warum einfach, wenn's auch kompliziert geht?

Ein Wort, ein Satz —: aus Chiffren steigen
erkanntes Leben, jäher Sinn.
(Gottfried Benn)

In diesem Kapitel stehen die **polyalphabetischen** Chiffrierungen im Mittelpunkt. Bei diesen wird derselbe Klartextbuchstabe nicht stets mit demselben Geheimtextbuchstaben verschlüsselt. Eine polyalphabetische Chiffrierung kann also nicht einfach durch ein Klartextalphabet und ein daruntergeschriebenes Geheimtextalphabet beschrieben werden.

Die Zuordnung eines Klartextbuchstabens zu einem Geheimtextbuchstaben darf aber auch nicht willkürlich erfolgen. Die Chiffrierung muß der strengen Regel der **Eindeutigkeit** genügen; sonst ist keine Dechiffrierung möglich. Anders gesagt: Wenn die Chiffrierung nicht eindeutig wäre, so befände sich der Empfänger prinzipiell in keiner besseren Lage als Mr. X! Das typische Beispiel eines Algorithmus, bei dem Chiffrieren nicht eindeutig ist, ist eine **homophone** Chiffre. Solche Algorithmen werden im folgenden Abschnitt dargestellt. Den größten Teil des Kapitels wird jedoch die Untersuchung von den polyalphabetischen Algorithmen ausmachen, die aus einer Kombination monoalphabetischer Algorithmen entstehen; das charakteristische Beispiel dafür ist die Verschlüsselung nach Vigenère.

2.1 Verschleierung der Häufigkeiten

Wie kann man erreichen, daß alle Geheimtextzeichen mit der gleichen Wahrscheinlichkeit auftreten? Ganz einfach: Die Chiffriervorschrift ordnet jedem Buchstaben nicht nur ein Zeichen, sondern eine *Menge* von Zeichen (in unserem Beispiel: Ziffernpaare) zu, und zwar so, daß die folgenden Bedingungen erfüllt sind:

- Um das Dechiffrieren eindeutig zu machen, müssen die Mengen, die zu verschiedenen Klartextbuchstaben gehören, disjunkt sein.
- Die Anzahl der Geheimtextzeichen, die zu einem Klartextbuchstaben gehören, entspricht der Häufigkeit dieses Buchstabens. (Wir verwenden hier die Häufigkeiten aus Tabelle 1.2.)

Im folgenden Beispiel einer homophonen Chiffre sind die Geheimtextzeichen die 100 Paare 00, . . ., 99 von Ziffern, die den Buchstaben gemäß Tabelle 2.1 zugeordnet sind.

Tabelle 2.1 Eine homophone Chiffre

a:	10 21 52 59 71
b:	20 34
c:	28 06 80
d:	04 19 70 81 87
e:	09 18 33 38 40 42 53 54 55 60 66 75 85 86 92 93 99
f:	00 41
g:	08 12 97
h:	07 24 47 89
i:	14 39 46 50 65 76 88 94
j:	57
k:	23
l:	16 03 84
m:	27 11 49
n:	30 35 43 62 63 67 68 72 77 79
o:	02 05 82
p:	31
q:	25
r:	17 36 51 69 74 78 83
s:	15 26 45 56 61 73 96
t:	13 32 90 91 95 98
u:	29 01 58
v:	37
w:	22
x:	44
y:	48
z:	64

Beim **Chiffrieren** ordnet man einem Klartextbuchstaben zufällig ein dazugehöriges Geheimtextzeichen zu. Der Empfänger kann dann mit obiger Tabelle einfach **dechiffrieren**: 23520127 6429 97845929346663 04597396 9945 5682 86886200712847 141513.

Da die Zeichen zufällig gewählt werden, kommt jedes Zeichen (in unserem Fall also jedes Ziffernpaar) gleich häufig vor (daher der Name „homophon"). Ein potentieller Kryptoanalytiker sieht sich also vor eine wesentlich schwierigere Aufgabe gestellt als beim Brechen einer monoalphabetischen Chiffrierung.

Allerdings sollte der Systementwickler nicht zu früh jubeln, denn eine **Kryptoanalyse** ist auch hier möglich. Die Analyse basiert auf der Beobachtung, daß zwar die Häufigkeiten der Geheimtextzeichen, also der Ziffernpaare gleich sind, daß man aber aus der Betrachtung von *Paaren* von Geheimtextzeichen sehr wohl Information gewinnen kann. (Vergleichen Sie dazu Tabelle 1.4.) Wir diskutieren zwei Beispiele.

- Betrachtet Mr. X ein Geheimtextäquivalent des Buchstabens **c**, also etwa das Paar 28, so wird er feststellen, daß nur ganz bestimmte Geheimtextzeichen als unmittelbare Nachfolger von 28 in Frage kommen. Dies sind die Paare 07, 24, 23, 47, 89, also die Geheimtextäquivalente der Buchstaben **h** und **k**. Damit 'weiß' er bereits, welche Zeichen den Buchstaben **h** oder **k** entsprechen.
- Wenn man ein Geheimtextäquivalent des Buchstabens **e**, also etwa 99, ins Auge fassen, so wird man feststellen, daß gewisse Geheimtextzeichen als Vorgänger und als Nachfolger von 99 vorkommen — und zwar praktisch gleichhäufig. Dies müssen dann die Geheimtextäquivalente des Buchstabens **i** sein.

Diese Andeutungen sind natürlich noch längst keine Kryptoanalyse. Sie sollen Ihnen nur zeigen, daß Mr. X auch einem auf den ersten Blick scheinbar unknackbaren Geheimtext nicht völlig hilflos gegenübersteht.

2.2 Die Vigenère-Chiffre

Die Vigenère-Verschlüsselung (sprich: Wischenähr) wurde im Jahre 1586 von dem französischen Diplomaten Blaise de **Vigenère** (1523 bis 1596) der Öffentlichkeit zugänglich gemacht. Die Grundidee ist, verschiedene monoalphabetische Chiffrierungen im Wechsel zu benützen. Diese Idee ist so natürlich, daß Variationen der Vigenère-Chiffre mehrfach (wieder-) erfunden wurden. Zwei der wichtigeren Vorgänger waren Johannes **Trithemius** (1462 bis 1516), dessen Bücher *Poligraphia* (1518) und *Steganographia* (1531) posthum veröffentlicht wurden, und Giovanni Battista **Della Porta** (1538 bis 1615), der Erfinder der *Camera obscura*, der 1558 in seinem Buch *Magia naturalis* einen polyalphabetischen Algorithmus veröffentlichte, der große Ähnlichkeit mit der Vigenère-Chiffre aufweist.

In diesem Kapitel werden wir uns hauptsächlich mit der Vigenère-Verschlüsselung, der bekanntesten unter allen periodischen polyalphabetischen Algorithmen, beschäftigen, und zwar aus zwei Gründen.

– Die Vigenère-Verschlüsselung ist der Prototyp für viele Algorithmen, die professionell bis in unser Jahrhundert benutzt wurden.

– Bei der Kryptoanalyse werden wir zwei extrem wichtige Methoden kennenlernen, den Kasiski-Test und den Friedman-Test.

Um nach dem **Algorithmus von Vigenère** chiffrieren zu können, braucht man zwei Dinge: Ein **Schlüsselwort** und das **Vigenère-Quadrat** (siehe Bild 2.1).

Klartext:	a	b	c	d	e	f	g	h	i	j	k	l	m	n	o	p	q	r	s	t	u	v	w	x	y	z
	A	B	C	D	E	F	G	H	I	J	K	L	M	N	O	P	Q	R	S	T	U	V	W	X	Y	Z
	B	C	D	E	F	G	H	I	J	K	L	M	N	O	P	Q	R	S	T	U	V	W	X	Y	Z	A
	C	D	E	F	G	H	I	J	K	L	M	N	O	P	Q	R	S	T	U	V	W	X	Y	Z	A	B
	D	E	F	G	H	I	J	K	L	M	N	O	P	Q	R	S	T	U	V	W	X	Y	Z	A	B	C
	E	F	G	H	I	J	K	L	M	N	O	P	Q	R	S	T	U	V	W	X	Y	Z	A	B	C	D
	F	G	H	I	J	K	L	M	N	O	P	Q	R	S	T	U	V	W	X	Y	Z	A	B	C	D	E
	G	H	I	J	K	L	M	N	O	P	Q	R	S	T	U	V	W	X	Y	Z	A	B	C	D	E	F
	H	I	J	K	L	M	N	O	P	Q	R	S	T	U	V	W	X	Y	Z	A	B	C	D	E	F	G
	I	J	K	L	M	N	O	P	Q	R	S	T	U	V	W	X	Y	Z	A	B	C	D	E	F	G	H
	J	K	L	M	N	O	P	Q	R	S	T	U	V	W	X	Y	Z	A	B	C	D	E	F	G	H	I
	K	L	M	N	O	P	Q	R	S	T	U	V	W	X	Y	Z	A	B	C	D	E	F	G	H	I	J
	L	M	N	O	P	Q	R	S	T	U	V	W	X	Y	Z	A	B	C	D	E	F	G	H	I	J	K
	M	N	O	P	Q	R	S	T	U	V	W	X	Y	Z	A	B	C	D	E	F	G	H	I	J	K	L
	N	O	P	Q	R	S	T	U	V	W	X	Y	Z	A	B	C	D	E	F	G	H	I	J	K	L	M
	O	P	Q	R	S	T	U	V	W	X	Y	Z	A	B	C	D	E	F	G	H	I	J	K	L	M	N
	P	Q	R	S	T	U	V	W	X	Y	Z	A	B	C	D	E	F	G	H	I	J	K	L	M	N	O
	Q	R	S	T	U	V	W	X	Y	Z	A	B	C	D	E	F	G	H	I	J	K	L	M	N	O	P
	R	S	T	U	V	W	X	Y	Z	A	B	C	D	E	F	G	H	I	J	K	L	M	N	O	P	Q
	S	T	U	V	W	X	Y	Z	A	B	C	D	E	F	G	H	I	J	K	L	M	N	O	P	Q	R
	T	U	V	W	X	Y	Z	A	B	C	D	E	F	G	H	I	J	K	L	M	N	O	P	Q	R	S
	U	V	W	X	Y	Z	A	B	C	D	E	F	G	H	I	J	K	L	M	N	O	P	Q	R	S	T
	V	W	X	Y	Z	A	B	C	D	E	F	G	H	I	J	K	L	M	N	O	P	Q	R	S	T	U
	W	X	Y	Z	A	B	C	D	E	F	G	H	I	J	K	L	M	N	O	P	Q	R	S	T	U	V
	X	Y	Z	A	B	C	D	E	F	G	H	I	J	K	L	M	N	O	P	Q	R	S	T	U	V	W
	Y	Z	A	B	C	D	E	F	G	H	I	J	K	L	M	N	O	P	Q	R	S	T	U	V	W	X
	Z	A	B	C	D	E	F	G	H	I	J	K	L	M	N	O	P	Q	R	S	T	U	V	W	X	Y

Bild 2.1 Das Vigenère-Quadrat

Dieses Quadrat besteht aus 26 Alphabeten, die so untereinander geschrieben sind, daß das erste Alphabet das gewöhnliche Alphabet ist, das zweite um einen Buchstaben verschoben ist, das dritte um zwei Buchstaben, usw. Mit anderen Worten: Das Vigenère-Quadrat besteht aus den 26 Verschiebechiffren in natürlicher Reihenfolge.

Das Schlüsselwort kann jede beliebige Buchstabenfolge sein; für unser Demonstrationsbeispiel wählen wir das Wort „VENUS". Wir schreiben dieses Schlüsselwort Buchstabe für Buchstabe über den Klartext (ohne

Zwischenräume), und zwar so lange, bis die Länge des Klartexts errreicht ist:

Schlüsselwort:	V E N U S V E N U S V E N U S V
Klartext:	**p o l y a l p h a b e t i s c h**.

Bei der **Chiffrierung** bestimmt der Schlüsselwortbuchstabe, der über einem bestimmten Buchstaben steht, das Alphabet (d.h. die *Zeile* im Vigenère-Quadrat), mit dem dieser Klartextbuchstabe zu chiffrieren ist.

Also: Um den ersten Geheimtextbuchstaben zu erhalten, müssen wir in dem Alphabet, das mit „V" beginnt, nachsehen, was in der *Spalte* **p** steht; dies ist der Buchstabe **K**.

Noch ein Beispiel gefällig? Voilà: Um den zweiten Buchstaben zu verschlüsseln, suchen wir in der Zeile „E" den Buchstaben in der Spalte **o**; dieser ist **S**. Und so weiter. Insgesamt ergibt sich:

Schlüsselwort:	V E N U S V E N U S V E N U S V
Klartext:	**p o l y a l p h a b e t i s c h**
Geheimtext:	K S Y S S G T U U T Z X V M U C.

Es ist klar, daß eine solche Chiffriermethode Mr. X vor erheblich größere Probleme stellt, als dies bei einer monoalphabetischen Chiffrierung der Fall war. Die Häufigkeit der Buchstaben ist viel gleichmäßiger verteilt. Dies erkennt man schon an unserem kurzen Beispiel. Die beiden Klartextbuchstaben **a** werden in verschiedene Geheimtextbuchstaben (**S** und **U**) verschlüsselt, während der Geheimtextbuchstabe **S** von verschiedenen Klartextbuchstaben, nämlich **o**, **y**, **a** herkommt.

2.3 Kryptoanalyse

Natürlich kann mit heutigen Methoden auch ein Vigenère-chiffrierter Text geknackt werden. Denn ein genügend langer Geheimtext weist viele statistisch erfaßbare Regelmäßigkeiten auf, die es einem ermöglichen, das Schlüsselwort zu erschließen. Der erste veröffentlichte Angriff wurde 1863 von dem preussischen Infanteriemajor Friedrich Wilhelm **Kasiski** (1805 bis 1881) publiziert. Eine zweite Methode geht auf Colonel William Frederick **Friedman** (1891 bis 1969) zurück. Beide Methoden dienen dazu, die Schlüsselwortlänge zu bestimmen. Da beide Tests auch über die spezielle Vigenère-Analyse hinaus weitreichende und grundlegende Bedeutung haben, sollen beide Methoden hier im Detail vorgestellt werden.

Angenommen, Mr. X hat den folgenden Text abgefangenen, von dem er weiß (oder vermutet), daß er Vigenère-chiffriert ist:

E Y R Y C	F W L J H	F H S I U	B H M J O
U C S E G	T N E E R	F L J L V	S X M V Y
S S T K C	M I K Z S	J H Z V B	F X M X K
P M M V W	O Z S I A	F C R V F	T N E R H
M C G Y S	O V Y V F	P N E V H	J A O V W
U U Y J U	F O I S H	X O V U S	F M K R P
T W L C I	F M W V Z	T Y O I S	U U I I S
E C I Z V	Z V Y V F	P C Q U C	H Y R G O
M U W K V	B N X V B	V H H W I	F L M Y F
F N E V H	J A O V W	J L Y E R	A Y L E R
V E E K S	O C Q D C	O U X S S	L U Q V B
F M A L F	E Y H R T	V Y V X S	T I V X H
E U W J G	J Y A R S	I L I E R	J B V V F
B L F V W	U H M T V	U A I J H	P Y V K K
V L H V B	T C I U I	S Z X V B	J B V V P
V Y V F G	B V I I O	V W L E W	D B X M S
S F E J G	F H F V J	P L W Z S	F C R V U
F M X V Z	M N I R I	G A E S S	H Y P F S
T N L R H	U Y R		

Bild 2.2 Ein Geheimtext

2.3.1 Der Kasiski-Test

Obwohl diese wirkungsvolle Methode zur Analyse polyalphabetischer Algorithmen zuerst von Kasiski *veröffentlicht* wurde, muß man erwähnen, daß der englische Mathematiker Charles **Babbage** (1792 bis 1871), der unter anderem berühmt ist für seine Konzeption eines Vorgängers des modernen Computers, umfangreiche, allerdings unveröffentlichte Untersuchungen über Kryptographie durchführte. Insbesondere hatte er den Kasiski-Test bereits 1854, also neun Jahre vor Kasiski entwickelt. Für eine detaillierte Darstellung sei auf [Fra84] verwiesen.

Der Test beruht auf folgender Idee: Treten im Klartext zwei Folgen aus gleichen Buchstaben auf (zum Beispiel zweimal das Wort **ein**), so werden im allgemeinen die entsprechenden Folgen im Geheimtext verschieden ausfallen; denn schon der jeweils erste Buchstabe der beiden Folgen wird in der Regel verschieden verschlüsselt. Werden aber die beiden Anfangsbuchstaben der Folgen mit Hilfe desselben Schlüsselwortbuchstabens verschlüsselt, so sind auch die beiden Geheimtextbuchstaben gleich. In diesem Fall wird auch der jeweils zweite Buchstabe der Klartextfolge mit demselben Schlüsselwortbuchstaben verschlüsselt; also ergibt sich auch im Geheimtext der gleiche Buchstabe. Das heißt also: Werden die beiden Anfangsbuchstaben der Klartextfolgen mit demselben Schlüsselwortbuchstaben verschlüsselt, so bestehen die entsprechenden Geheimtextfolgen aus den gleichen Buchstaben.

Wann tritt nun dieser Fall auf, daß zwei Buchstaben mit demselben Schlüsselwortbuchstaben verschlüsselt werden? Nun genau dann, wenn das Schlüsselwort zwischen sie genau einmal, genau zweimal, genau dreimal, . . . 'paßt'. Mit anderen Worten: Genau dann, wenn der **Abstand** der beiden Klartextbuchstaben ein Vielfaches der Schlüsselwortlänge ist (siehe Bild 2.3).

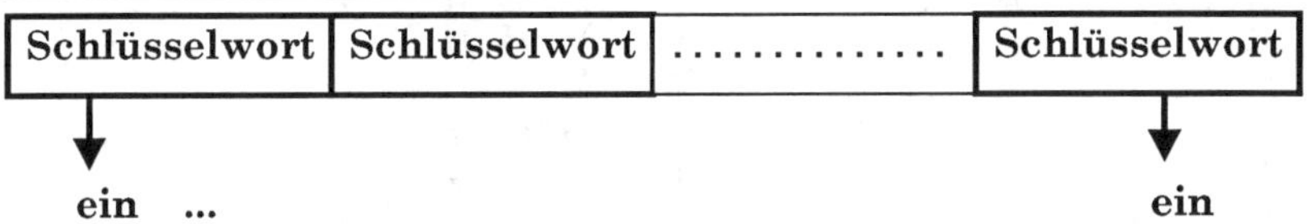

Im allgemeinen werden Klartextfolgen aus gleichen Buchstaben in Geheimtextfolgen aus verschiedenen Buchstaben chiffriert.

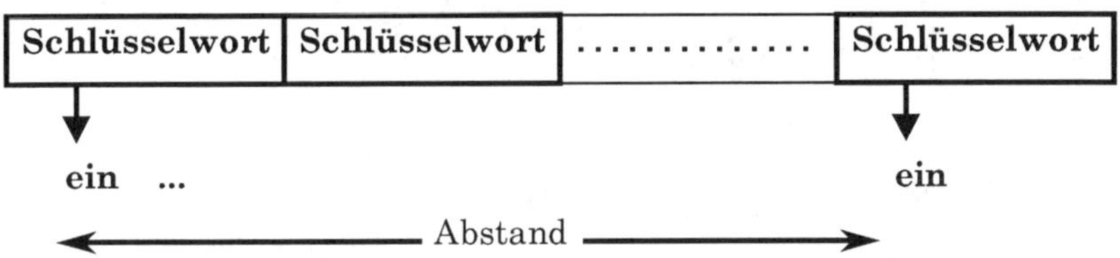

Wenn aber der Abstand der beiden Folgen ein Vielfaches der Schlüsselwortlänge ist, so bestehen auch die entsprechenden Geheimtextfolgen aus gleichen Buchstaben.

Bild 2.3 Der Kasiski-Test

Wir fassen zusammen: Haben zwei Klartextfolgen aus gleichen Buchstaben einen Abstand, der ein Vielfaches der Schlüsselwortlänge ist, so entsprechen ihnen im Geheimtext Folgen aus gleichen Buchstaben.

*

Nun dreht Mr. X den Spieß um: Wenn er im Geheimtext zwei Folgen aus gleichen Buchstaben findet, so vermutet er, daß ihr Abstand 'wahrscheinlich' ein Vielfaches der Schlüsselwortlänge ist. Diese Wahrscheinlichkeit folgt dem Gesetz „je länger, je lieber": Gleiche Buchstaben sagen, wie wir wissen, gar nichts über die die Schlüsselwortlänge aus, und auch Paare aus gleichen Buchstaben können sich 'zufällig' ergeben. Aus Folgen von drei oder mehr gleichen Buchstaben kann Mr. X aber schon ziemlich zuverlässig auf die Schlüsselwortlänge schließen. In unserem Beispiel erkennt er:

```
E Y R Y C   F W L J H   F H S I U   B H M J O
U C S E G   T N E E R   F L J L V   S X M V Y
S S T K C   M I K Z S   J H Z V B   F X M X K
P M M V W   O Z S I A   F C R V F   T N E R H
M C G Y S   O V Y V F   P N E V H   J A O V W

U U Y J U   F O I S H   X O V U S   F M K R P
T W L C I   F M W V Z   T Y O I S   U U I I S
E C I Z V   Z V Y V F   P C Q U C   H Y R G O
M U W K V   B N X V B   V H H W I   F L M Y F
F N E V H   J A O V W   U L Y E R   A Y L E R

V E E K S   O C Q D C   O U X S S   L U Q V B
F M A L F   E Y H R T   V Y V X S   T I V X H
E U W J G   J Y A R S   I L I E R   J B V V F
B L F V W   U H M T V   U A I J H   P Y V K K
V L H V B   T C I U I   S Z X V B   J B V V P

V Y V F G   B V I I O   V W L E W   D B X M S
S F E J G   F H F V J   P L W Z S   F C R V U
F M X V Z   M N I R I   G A E S S   H Y P F S
T N L R H   U Y R
```

Bild 2.4 Folgen aus gleichen Buchstaben

Tabelle 2.2 Auswertung der Folgen aus gleichen Buchstaben

Folge	Abstand	Primfaktorzerlegung des Abstands
TNE	50	2·5·5
FCRV	265	5·53
NEVHJAOVWU	90	2·3·3·5
VWU	75	3·5·5

Der höchste gemeinsame Faktor ist 5. Also könnte ein (zu) optimistischer Kryptoanalytiker frohlocken und sagen „Ich weiß, daß die Schlüsselwortlänge 5 ist". (In der Tat funktioniert der Kasiski-Test in der Praxis sehr gut.) Wenn der Kryptoanalytiker Mr. X allerdings vorsichtig ist, wird er nur sagen „Dies ist ein starkes Indiz dafür, daß die Schlüsselwortlänge 5 ist". Warum tut Mr. X gut daran, vorsichtig zu sein? Es gibt dafür zwei Gründe.

1. Es könnte sein, daß zufällig zwei Geheimtextfolgen aus drei oder mehr gleichen Buchstaben vorhanden sind, die einen nicht durch 5 teilbaren Abstand haben. Dann würde sich als größter gemeinsamer Teiler 1 ergeben! (In unserem Beispiel tritt dieser Fall tatsächlich auf: Die Folge **O I S** kommt zweimal vor, und zwar mit Abstand 26 = 2·13.) Das heißt, daß man den größten gemeinsamen Teiler nicht 'blind' von einer Maschine ausrechnen lassen darf, sondern daß man ihn 'mit Gefühl' bestimmen muß. Also muß man offensichtliche Ausreißer unberücksichtigt lassen.

2. Gerade deswegen könnte man auf die Idee kommen, die Schlüsselwortlänge könnte nicht 5, sondern 10, 15 oder 30 sein (denn die Faktoren 2 und 3 kommen auch recht häufig vor). Mit anderen Worten: Der Kasiski-Test liefert einem die Schlüsselwortlänge bis auf *Vielfache* (oder *Teiler*).

Auch aus diesem Grund präsentieren wir noch eine zweite Methode; diese ergibt die *Größenordnung* der Schlüsselwortlänge. Eine Kombination beider Methoden läßt einen dann kaum mehr in die Irre gehen.

2.3.2 Der Friedman-Test

Dieses Verfahren wurde 1925 von William Friedman entwickelt, „der als größter Kryptologe aller Zeiten gilt" [Fra82]. Bei diesem Test fragt man sich, *mit welcher Chance ein willkürlich aus einem Klartext herausgegriffenes Buchstabenpaar aus gleichen Buchstaben besteht.* Die Antwort darauf wird durch den Koinzidenzindex gegeben.

Stellen wir uns dazu zunächst eine beliebige Buchstabenfolge der Länge n vor. Sei n_1 die Anzahl der **a**'s, n_2 die Anzahl der **b**'s, . . . und n_{26} die Anzahl der **z**'s.

Wir interessieren uns für die Anzahl der Paare, bei dem beide Buchstaben gleich **a** sind. (Wir verlangen *nicht*, daß die betrachteten Paare aus aufeinanderfolgenden Buchstaben bestehen.) Für die Auswahl des ersten **a**'s gibt es nach Definition genau n_1 Möglichkeiten, für die Auswahl des zweiten **a**'s dann noch n_1-1 Möglichkeiten. Da es auf die Reihenfolge der Buchstaben nicht ankommt, ist die Anzahl der gesuchten Paare gleich

$$\frac{n_1(n_1-1)}{2}$$

Also ist die Anzahl der Paare, bei dem beide Buchstaben gleich sind (d.h. gleich **a** oder gleich **b** . . . oder gleich **z** sind), gleich

$$\frac{n_1(n_1-1)}{2} + \frac{n_2(n_2-1)}{2} + \ldots + \frac{n_{26}(n_{26}-1)}{2} = \sum_{i=1}^{26} \frac{n_i(n_i-1)}{2} .$$

Die *Chance*, ein Paar aus gleichen Buchstaben zu erwischen, läßt sich daraus nach der Melodie „Anzahl der günstigen Fälle durch Anzahl der möglichen Fälle" wie folgt berechnen:

$$\frac{\sum_{i=1}^{26} n_i(n_i-1)/2}{n(n-1)/2} = \frac{\sum_{i=1}^{26} n_i(n_i-1)}{n(n-1)}$$

Diese Zahl heißt der (Friedmansche) **Koinzidenzindex** und wird mit **I** bezeichnet:

$$I = \frac{\sum_{i=1}^{26} n_i(n_i-1)}{n(n-1)} .$$

Friedman selbst bezeichnete diese Zahl mit κ (griechisches Kappa); daher findet man für die Methode, die wir im folgenden vorstellen, manchmal auch den Namen **Kappa-Test**.

*

Nun nähern wir uns diesem Koinzidenzindex von einer anderen Seite. Nehmen wir an, wir *wüßten*, daß in unserem Text der Buchstabe **a** mit der Wahrscheinlichkeit p_1 auftritt, der Buchstabe **b** mit der Wahrscheinlichkeit $p_2, \ldots,$ der Buchstabe **z** mit der Wahrscheinlichkeit p_{26}. (Konkrete Werte für die Wahrscheinlichkeiten p_i können wir angeben, wenn wir wissen, aus welcher Sprache der Text stammt; für die deutsche Sprache gilt beispielsweise die in Tabelle 1.2 angegebene Verteilung.)

Stellen wir uns nun zwei willkürlich herausgegriffene Buchstaben unseres Textes vor. Die Wahrscheinlichkeit, daß der erste dieser Buchstaben gleich **a** ist, ist p_1; somit ist (in der Praxis) die Wahrscheinlichkeit dafür, daß an beiden Stellen der Buchstabe **a** steht, gleich p_1^2. (Diese Wahrscheinlichkeit ist genau p_1^2, wenn man erlaubt, dieselbe Stelle zweimal zu wählen — aber wenn n groß ist, kann man den dadurch entstehenden Fehler vernachlässigen.) Entsprechendes gilt auch für die anderen Buchstaben. Somit ist die Wahrscheinlichkeit dafür, daß an zwei beliebig herausgegriffenen Stellen der *gleiche* Buchstabe steht (also entweder der Buchstabe **a**, der Buchstabe **b**, oder, ...), gleich

$$p_1 \cdot p_1 + p_2 \cdot p_2 + \ldots + p_{26} \cdot p_{26} = \sum_{i=1}^{26} p_i^2 .$$

Diese Zahl hängt natürlich von den Wahrscheinlichkeiten $p_1, \ldots, p_{26}$ ab. Wir rechnen zwei Beispiele aus.

- Für einen Text in deutscher Sprache ergibt sich

$$\sum_{i=1}^{26} p_i^2 = 0{,}0762.$$

Dies bedeutet, daß ein zufällig gewähltes Buchstabenpaar mit einer 7,62%-igen Chance aus gleichen Buchstaben besteht.

– Stellen wir uns nun andererseits einen völlig zufälligen Text vor, also einen Text, in dem die Buchstaben bunt durcheinandergewürfelt sind. Darin kommt jeder Buchstabe mit derselben Wahrscheinlichkeit

$$p_i = \frac{1}{26}$$

vor. In diesem Fall ergibt sich

$$\sum_{i=1}^{26} p_i^2 = \sum_{i=1}^{26} \frac{1}{26^2} = 26 \cdot \frac{1}{26^2} = \frac{1}{26} \approx 0{,}0385\,.$$

In einem solchen sinnlosen Buchstabensalat haben wir also nur eine etwa halb so große Chance, ein Paar aus gleichen Buchstaben zu treffen.

*

Was zum Kuckuck hat dies alles mit Chiffrieren und Kryptoanalyse zu tun? Diese Frage soll sogleich beantwortet werden — allerdings werden wir zur Vigenère-Verschlüsselung erst später kommen.

1. Wenn wir die Wahrscheinlichkeiten $p_1, \ldots, p_{26}$ kennen (wie wir es zum Beispiel für die deutsche Sprache wissen), so wissen wir, daß die Summe ihrer Quadrate (ungefähr) gleich dem Koinzidenzindex ist:

$$\mathbf{I} \approx \sum_{i=1}^{26} p_i^2.$$

Allgemein kann man beweisen, daß der Koinzidenzindex (oder gleichwertig $\Sigma\, p_i^2$) *größer* wird, wenn der Text *un*regelmäßiger wird, und kleiner wird, je gleichmäßiger der Text ist. Der Wert 0,0385 ist das absolute Minimum für den Koinzidenzindex. (Diese Behauptung soll in Übungsaufgabe **15** bewiesen werden.)

2. Lassen Sie uns für einen Augenblick zu *mono*alphabetischen Chiffrierungen zurückkehren. Da eine monoalphabetische Chiffrierung ja nur eine Permutation der Buchstaben ist, bleibt die Häufigkeitsverteilung erhalten. (Die Häufigkeiten der einzelnen Buchstaben werden zusammen mit den Buchstaben permutiert. Zum Beispiel gehört die Häufigkeit 0,17 nicht mehr zu dem Buchstaben **e**, sondern zu dem Geheimtextäquivalent von **e**.)

Also bleibt bei einer monoalphabetischen Chiffrierung der Koinzidenzindex gleich, während er bei einer polyalphabetischen sinkt. Denn polyalphabetische Chiffrierungen sind ja gerade dazu gemacht, die Häufigkeiten der einzelnen Buchstaben einander anzugleichen.

Daraus leiten wir einen **Test** ab, der uns sagt, ob ein vorgelegter Geheimtext von einer monoalphabetischen Chiffrierung herkommt oder nicht: Wir berechnen den Koinzidenzindex des Geheimtextes. Wenn dieser ungefähr 0,0762 ist, so ist die Chiffrierung wahrscheinlich monoalphabetisch. Ist der Koinzidenzindex deutlich kleiner, so kann man davon ausgehen, daß der Text polyalphabetisch chiffriert worden ist.

*

Nun verwenden wir den Koinzidenzindex, um die Schlüsselwortlänge eines Vigenère–chiffrierten Geheimtextes zu berechnen. Das Ziel ist es, den Koinzidenzindex dieses Textes zu berechnen — ohne den Text zu kennen. Da ein polyalphabetischer Algorithmus verwendet wurde, ist der Koinzidenzindex kleiner als 0,0762. Aber um wieviel kleiner? Antwort: Das kommt darauf an. Genauer gesagt: Es kommt auf die Länge ℓ des Schlüsselworts an. Diese Zuordnung werden wir dann benutzen, um aus dem Koinzidenzindex die Länge ℓ zu berechnen.

Die entsprechende Formel herzuleiten, ist eigentlich nicht schwierig, aber einigermaßen aufwendig. Wenn Sie im Augenblick keine Lust auf die Herleitung von Formeln haben, so bitte ich Sie, die folgende Seite getrost zu überblättern und erst zu Beginn des Abschnitts **2.3.3** wieder aufzumerken.

*

Nehmen wir an, daß das Schlüsselwort die Länge ℓ hat und aus lauter verschiedenen Buchstaben besteht.

Wir schreiben unseren Geheimtext zeilenweise in ℓ Spalten. Dann befinden sich in der ersten Spalte die Buchstaben Nr. 1, Nr. $\ell+1$, Nr. $2\ell+1$, usw., also all diejenigen Buchstaben, die mit Hilfe des ersten Schlüsselwortbuchstabens chiffriert wurden.

Entsprechend befinden sich in der zweiten Spalte diejenigen Buchstaben, die mit Hilfe des zweiten Schlüsselwortbuchstabens verschlüsselt wurden, usw. In Bild 2.5 wird dieses Vorgehen deutlich.

Wenn man dieses Schema sorgfältig betrachtet, kann man den Koinzidenzindex ausrechnen.

Erste Beobachtung: Jede Spalte wird durch eine monoalphabetische Chiffrierung (sogar durch eine Verschiebe-Chiffre) gewonnen. Die Chance,

Schlüsselwort-buchstabe S_i	S_1	S_2	S_3		S_ℓ
	1	2	3		ℓ
	$\ell+1$	$\ell+2$	$\ell+3$		2ℓ
	$2\ell+1$	$2\ell+2$	...		3ℓ
	$3\ell+1$	...			
	...				

Bild 2.5 Der Koinzidenzindex eines Vigenère-verschlüsselten Textes

hier ein Paar aus gleichen Buchstaben zu treffen, ist also gleich 0,0762. Nun betrachten wir die Paare aus Buchstaben, die in verschiedenen Spalten stehen. Da die zugehörigen Verschlüsselungsalphabete 'zufällig' gewählt wurden, kann ein solches Paar nur zufällig aus gleichen Buchstaben bestehen.

Die Wahrscheinlichkeit dafür ist wesentlich niedriger als 0,0762, etwa bei 0,0385. (Exakt 0,0385, wenn das Schlüsselwort eine zufällige Buchstabenfolge ist. Falls nicht, ist diese Wahrscheinlichkeit etwas höher. Ist das Schlüsselwort sehr lang, besteht es etwa aus einem ganzen Satz, so muß man hier die entsprechenden statistischen Daten in Rechnung stellen.)

Zweite Beobachtung: Wir zählen die Anzahl der Buchstabenpaare aus gleichen Spalten und aus verschiedenen Spalten. Wenn unser Geheimtext insgesamt n Buchstaben hat, so stehen in jeder Spalte genau n/ℓ Buchstaben. (Auf die Betrachtung von Rundungsfehlern verzichten wir hier grundsätzlich; der Text möge so lang sein, daß diese Fehler nicht ins Gewicht fallen.)

Um einen Buchstaben zu wählen, gibt es genau n Möglichkeiten. Ist dieser Buchstabe gewählt, so liegt auch die Spalte, in der dieser sich befindet, fest. In dieser Spalte gibt es noch $n/\ell - 1$ andere Buchstaben, also $n/\ell - 1$ Möglichkeiten, den 'zweiten' Buchstaben zu wählen. Also ist die Anzahl der Paare von Buchstaben, die sich *in derselben Spalte* befinden, gleich

$$n\cdot(\frac{n}{\ell} - 1)/2 = \frac{n(n-\ell)}{2\ell}.$$

Da es genau $n - n/\ell$ Buchstaben außerhalb einer bestimmten Spalte gibt, ist die Anzahl der Paare von Buchstaben *aus verschiedenen Spalten* gleich

$$n\cdot(n - \frac{n}{\ell})/2 = \frac{n^2(\ell - 1)}{2\ell}\ .$$

Mit unseren obigen Überlegungen folgt daraus, daß die erwartete Anzahl A von Paaren aus gleichen Buchstaben gleich

$$A = \frac{n(n-\ell)}{2\ell}\cdot 0{,}0762 + \frac{n^2(\ell - 1)}{2\ell}\cdot 0{,}0385$$

ist. Also ist die *Wahrscheinlichkeit*, ein Paar aus gleichen Buchstaben zu treffen, gleich

$$\frac{A}{n(n-1)/2} = \frac{n-\ell}{\ell(n-1)}\cdot 0{,}0762 + \frac{n(\ell-1)}{\ell(n-1)}\cdot 0{,}0385 = \frac{1}{\ell(n-1)}[0{,}0377n + \ell(0{,}0385n - 0{,}0762)].$$

Wir wissen, daß der Koinzidenzindex **I** eine Annäherung an diese Zahl ist; daher gilt

$$\mathbf{I} \approx \frac{0{,}0377n}{\ell(n-1)} + \frac{0{,}0385n - 0{,}0762}{n-1}\ .$$

Durch Umformen und Auflösen nach ℓ ergibt sich daraus die wichtige, auf Friedman zurückgehende Formel für die Länge ℓ des Schlüsselworts:

$$\boxed{\ell \approx \frac{0{,}0377n}{(n-1)\mathbf{I} - 0{,}0385n + 0{,}0762}\ .}$$

Diese Formel sieht vielleicht schwierig aus, und jedenfalls war ihre Herleitung langwierig. Aber: Die Formel ist in jedem konkreten Fall extrem einfach anzuwenden. Man braucht nämlich nur die Länge n des Textes und die Häufigkeiten n_i der Buchstaben — und mit diesen lächerlich wenigen Daten liefert uns die Zauberformel dann die Länge ℓ des Schlüsselworts!

*

Wenden wir nun diese Theorie auf unser Beispiel an. Per Strichliste zählen wir die n_i's; es ergibt sich

$$n = 368, \quad \sum_{i=1}^{26} n_i\,(n_i - 1) = 6468\ .$$

Also ist

$$I = \frac{6468}{135\,056} = 0{,}0480\,.$$

Somit handelt es sich mit großer Wahrscheinlichkeit um eine polyalphabetische Chiffrierung. Mit obiger Formel berechnen wir nun die Schlüsselwortlänge ℓ:

$$\ell \approx 4.$$

Dies deutet zusammen mit den Ergebnissen des Kasiski-Tests darauf hin, daß die Schlüsselwortlänge tatsächlich 5 (und nicht 10, 15 oder 20) ist.

2.3.3 Bestimmung des Schlüsselworts

Nachdem nun die Schlüsselwortlänge bestimmt ist, geht es darum, das Schlüsselwort selbst zu erkennen. Das ist aber nicht mehr schwierig.

Wenn der Kryptoanalytiker Mr. X die Schlüsselwortlänge ℓ kennt, so weiß er, daß die Buchstaben Nr. 1, $\ell+1$, $2\ell+1$, ... bzw. Nr. 2, $\ell+2$, $2\ell+2$, ..., usw. jeweils durch dieselbe monoalphabetische Chiffrierung, ja sogar durch dieselbe Verschiebe-Chiffrierung gewonnen worden sind. Es genügt in der Regel also, in jedem Fall das Äquivalent des Buchstabens **e** zu finden.

In unserem Beispiel ist $\ell = 5$. Von den 74 Buchstaben des „ersten" monoalphabetischen Teiltextes sind 14 gleich **V**. Daher entspricht **e** dem Buchstaben **V**. Ein Blick auf das Vigenère-Quadrat zeigt sofort, daß der erste Schlüsselwortbuchstabe „R" ist.

Auf diese Weise kann man leicht das Schlüsselwort erkennen und damit den Text entschlüsseln (vergleiche Übungsaufgabe **5**).

2.4 Schlußbemerkungen

Wir haben gesehen, daß jede Vigenère-Chiffrierung zu knacken ist — sogar mit relativ einfachen Mitteln. Jede? — Nein, natürlich nur solche, bei denen das Schlüsselwort ziemlich kurz ist.

Konsequenterweise betrachten wir jetzt Vigenère-Chiffrierungen mit *langem Schlüsselwort.* Um uns nicht durch nebensächliche Diskussionen ablenken zu lassen (was heißt „lang"?), behandeln wir von vornherein die längstmöglichen Schlüsselwörter: Unsere Schlüsselwörter sollen so lang wie der Klartext sein. Wir stellen zwei Tricks vor, die beide dazu dienen, Mr. X die Freude an den oben beschriebenen Methoden zu vergällen.

1. Trick. Man könnte versuchen, als Schlüssel'wort' den Text eines Buches zu verwenden. Ein solcher Schlüssel hat bestimmt den Vorteil, ohne große Probleme übermittelt werden zu können. Zum Beispiel muß der Empfänger nur die Information *Fontane: Irrungen, Wirrungen* haben, um den Geheimtext mit dem größten Vergnügen mittels des folgenden 'Wortes' dechiffrieren zu können:

> *An dem Schnittpunkte von Kurfürstendamm und Kurfürstenstraße, schräg gegenüber dem „Zoologischen", befand sich in der Mitte der siebziger Jahre noch eine große, feldeinwärts sich erstreckende Gärtnerei, deren kleines, dreifenstriges, in einem Vorgärtchen um etwa hundert Schritte zurückgelegenes Wohnhaus, trotz aller Kleinheit und Zurückgezogenheit, von der vorübergehenden Straße sehr wohl erkannt werden konnte. Was aber sonst noch zu dem Gesamtgewese der Gärtnerei gehörte, ja die recht eigentliche Hauptsache derselben ausmachte, war durch eben dies kleine Wohnhaus wie durch eine Kulisse versteckt . . .*

Bei der Verwendung eines solchen Schlüssels laufen alle Methoden zur Bestimmung der Schlüsselwortlänge selbstverständlich ins Leere. Da aber der Schlüssel ein deutschsprachiger Text ist, schlagen statistisch signifikante Daten der Sprache auf den Geheimtext durch, so daß diese Chiffre nicht als sicher bezeichnet werden kann. Der erste, der diese Schwäche erkannte, war ebenfalls Friedman. Deshalb gehen wir noch einen Schritt weiter.

2. Trick. Beim 1. Trick konnte Mr. X immer noch Statistik benutzen, weil das Schlüsselwort statistisch erfaßbare Widerhaken aufwies. Deshalb wählen wir nun als Schlüsselwort eine praktisch unendlich lange, völlig bunt gewürfelte Folge von Buchstaben, an der sämtliche statistische Tests widerstandslos abgleiten. Das ist eine (Buchstaben-) Zufallsfolge, die man sich z.B. erzeugen kann durch Werfen eines fairen 26-seitigen Buchstabenwürfels. Eine solche Folge nennen wir einen **Buchstabenwurm**.

Ein derartiger Wurm hat die Eigenschaft, daß man aus keinem noch so langen Stück auch nur einen einzigen weiteren Buchstaben vorhersagen kann. Verschlüsselt man einen Klartext mit Hilfe eines Buchstabenwurms, so hat offenbar auch der Geheimtext keine statistisch signifikanten Ansatzpunkte mehr, bei denen Mr. X für seine Kryptoanalyse einhaken könnte. Auch wenn er ein noch so langes Stück Geheimtext (ja sogar ein beliebig langes zusammengehöriges Stück Klartext-Geheimtext) kennt, kann er keinen einzigen (weiteren) Buchstaben bestimmen. Ein solches System ist **sogar theoretisch sicher**! Mit anderen Worten: Es bietet **perfekte Sicherheit**.

Diese perfekten Systeme werden wir im folgenden Kapitel genauer unter die Lupe nehmen.

Übungsaufgaben

1. Konstruieren Sie (auf dem Papier) eine 'Maschine', mit deren Hilfe Sie die in Abschnitt **2.1** angegebene Chiffrierung vollziehen können. Konstruieren Sie entsprechend eine 'Maschine' zum Dechiffrieren.

@**2.** (a) Schreiben Sie ein Programm, das die in Abschnitt **2.1** angegebenen homophone Chiffrierung realisiert.
(b) Chiffrieren Sie damit einen relativ langen Text, und überprüfen Sie, ob
(i) alle Buchstaben ungefähr mit der gleichen Häufigkeit auftreten,
(ii) ob die Paare von Buchstaben im Geheimtext gleichmäßig verteilt sind.

3. Die Chiffriermethode aus Abschnitt **2.1** ist nur ein Beispiel aus einer ganzen Klasse von Verfahren. Beschreiben Sie diese Klasse — und zwar so, daß klar wird, was der „Algorithmus" ist und welches die „Schlüssel" sind.

4. Angenonmen, für jeden Buchstaben ist die Anzahl der Geheimtextsymbole die von Tabelle 2.1. Das heißt, daß wir die Verteilung (5, 2, 3, 5, 17, 2, 3, 4, 8, 1, 1, 3, 3, 10, 3, 1, 1, 7, 7, 6, 3, 1, 1, 1, 1, 1) vorliegen haben.
(a) Wie können die Symbole 00, . . ., 99 den Buchstaben zugeordnet werden, so daß
– jeder Buchstabe die vorgeschriebene Anzahl von Geheimtextsymbolen erhält, und
– diese Zuordnung „zufällig" ist?
@(b) Schreiben Sie ein Programm, das jedem Buchstaben, die geforderte Anzahl von Geheimtextsymbolen in zufälliger Weise zuordnet.
(c) Wie viele Zuordnungen der Symbole 00, . . ., 99 zu den Buchstaben gibt es, wenn jeder Buchstabe die geforderte Zahl von Geheimtextsymbolen erhalten soll?

5. Bestimmen Sie weitere Folgen aus gleichen Buchstaben im Beispiel aus Abschnitt **2.3**.

6. Bestimmen Sie alle Schlüsselwortbuchstaben des Beispiels aus Abschnitt **2.3** und entziffern Sie den Text.

7. Der folgende Text wurde mit dem Vigenère-Algorithmus verschlüsselt. Wenden Sie den Kasiski-Test an, und entschlüsseln Sie den Text:

```
K W I S S   G X Y U T   Z B Z M U   C M R F Y
J Z Z N Z   H M E B S   W M E X A   Z M Z A W
I A T B S   A B U U K   N M Z H T   Z A K C E
H B V L Y   Z P V C E   O M O N T   P K Y M L
V J V G W   C Z R F K   Z Q E Y F   F T R L L

Z F K V M   X P J N S   W M E X S   M A K Y D
G M E E S   I V R V W   M U R H V   V Z W H A
X P K P W   M O V M K   Z V U U K   N L V L Y
Z P V C E   O M O N V   Z V B F S   M B V R L
Z Q E X W   P B Z A T   Z A K L E   H M E G F

N A Q O E   W M Z M H   D M I C K   O M J H A
X P K G G   Z O I C U   C L R M K   D V V C F
Z U R F Y   J Z Z N Z   H C J X W   M O V B W
D U K Y P   O J L W Z   N B R V W   S Q D E D
V Z K Y P   O M Z H E   V T V O F   Y M Z H S

I L V L W   N U R F K   Z V K M H   M Q T B L
J P E Y V   V A J Y K   Y I W O W   M M Z H W
M M X Y D   B Q S N V   D M U Y E   Z U G Z S
Z V X Y J   B M E U M   N I X N O   V V E Y J
Z C E X O   V V E Y J   N M E N K   K Z Z W Z

O M J C K   O M E N K   X P V C V   Z V U X S
N A R H B   Z L V L K   O M I F W   Y M J E J
T X K I Y   M I D G K   Y M I M U   C T L Y K
N M I Y A   I L V H L   D O U Y F   F T R L L
Z F K V M   X P J N S   W M E N M   E N U Y E

B M Y Y A   H B V R L   W C T B K   O I S Y F
A M J N D   Z O K
```

8. Wenden Sie den Friedman-Test auf den Text der vorigen Übungsaufgabe an und vergleichen Sie das Ergebnis mit dem Kasiski-Test.

9. Ist die folgende Aussage richtig. „Es ist entscheidend, daß an jeder Stelle des Kryptogramms der Schlüssel eindeutig den Klartextbuchstaben zu jedem Geheimtextbuchstaben festlegt"? [Vergleiche Übungsaufgabe **7.**]

10. Kann man durch statistische Untersuchungen eine Transpositions- von einer Substitutionschiffre unterscheiden?

@**11.** (a) Schreiben Sie ein Programm, das gleiche Folgen von Buchstaben in einem Text findet und den Abstand zwischen diesen Folgen bestimmt.
(b) Schreiben Sie ein Programm, das den Kasiski-Test benutzt, um die Schlüsselwortlänge eines Vigenère-verschlüsselten Textes zu bestimmen.

12. Chiffrieren Sie einen deutschen Text (der mindestens 40mal so viele Buchstaben enthält wie das Schlüsselwort) nach Vigenère, geben Sie diesen einer Freundin mit der Aufforderung, den Text zu entziffern.

13. Berechnen Sie den Koinzidenzindex des Geheimtextes aus Übungsaufgabe **20** von Kapitel 1.

@**14.** Schreiben Sie ein Programm, das
(i) die Länge n eines Textes bestimmt,
(ii) die Häufigkeiten $n_1, \ldots, n_{26}$ der Buchstaben dieses Textes bestimmt, und
(iii) den Koinzidenindex des Textes berechnet.

15. Seien $p_1, \ldots, p_{26}$ die Häufigkeiten der Buchstaben **a**, . . ., **z** eines Textes.
(a) Zeigen Sie

$$\sum_{i=1}^{26} p_i^2 = \frac{1}{26} + \sum_{i=1}^{26} (p_i - \frac{1}{26})^2 .$$

(b) Erklären Sie, weshalb

$$\sum_{i=1}^{26} p_i^2$$

nicht kleiner als 1/26 ($\approx$ 0,038) werden kann und diskutieren sie den Fall der Gleichheit.

@**16.** Man entwerfe ein Programm zur Vigenère-Chiffrierung, sowie eines, das Vigenère-chiffrierte Texte knackt (▸).

17. ¿MRUWNIEHCILKRIWEGLOFESEIDTSI

18. Der erste polyalphabetische (besser: nicht-monoalphabteische) Substitutionsalgorithmus wurde im Jahre 1470 von Leon Battista Alberti veröffentlicht. Er benutzt eine Maschine aus zwei konzentrischen Scheiben mit je 26 Zeichen (Alberti selbst verwendete 24 Zeichen). Auf der inneren Scheibe steht das Geheimtextalphabet in beliebiger, aber fester Anordnung; auf der äußeren Scheibe finden sich die Zahlen 1, 2, 3, und 4, sowie alle Buchstaben des Alphabets — mit Ausnahme der vier Buchstaben j, y, x, q, die die geringsten Häufigkeiten aufweisen. Sender und Empfänger müssen sich auf einen Buchstaben, den sogenannten **Indikator** einigen.

Zum Verschlüsseln stellt der Sender die Scheibe beliebig ein. Er sucht den Indikator auf dem äußeren Ring und übermittelt als ersten Buchstaben denjenigen Geheimtextbuchstaben, der dem Indikator entspricht. Nun wird der Klartext verschlüsselt, als würde es sich um eine monoalphabetische Chiffrierung handeln. (Falls zufällig einer der Buchstaben j, y, x oder q vorkommt, wird dieser einfach weggelassen.)

Wann immer der Sender die Beziehung Klartext-Geheimtext verändern möchte, wählt er eine der Zahlen 1, 2, 3, oder 4, bestimmt den zugehörigen

Geheimtextbuchstaben und übermittelt diesen als den nächsten Buchstaben. Dann dreht er die Scheibe so, daß dieser Geheimtextbuchstabe gegenüber dem Indikator liegt.

Aufgaben:

(a) Basteln Sie ein Modell für den **Alberti-Algorithmus** und verschlüsseln Sie eine Nachricht.
(b) Wie muß der Empfänger beim Entschlüsseln vorgehen?
(c) Welche Vorteile hat der Alberti-Algorithmus gegenüber dem Vigenère-Algorithmus?
(d) Welches sind die Schlüssel beim Alberti-Algorithmus?
(e) Wie sicher ist dieser Algorithmus?

* * *

Zusatzinformation: Eine „Modifikation" des Alberti-Algorithmus wurde in den italienischen Streitkräften noch nach dem zweiten Weltkrieg benutzt! (Keine Angst: Der Alberti-Algorithmus wurde nur dazu verwendet, bereits verschlüsselte Nachrichten nochmals zu „überschlüsseln".)

* * *

19. Machen Sie sich einen schönen Tag und lesen Sie Fontanes Roman *Irrungen, Wirrungen.*

Kapitel 3

Sicher ist sicher oder Ein bißchen Theorie

Manche Menschen benützen ihre Intelligenz zum Vereinfachen, manche zum Komplizieren.
(Erich Kästner)

In diesem Kapitel wollen wir die Dinge, über die wir bislang schon viel geredet haben, besser fundieren. Insbesondere werden wir sagen, was wir unter „perfekter Sicherheit" eines Chiffriersystems verstehen wollen. Dies wird uns zwanglos zu in der Praxis verwendeten Verfahren führen. Bei der Diskussion perfekter Systeme werden wir nicht umhin können, einige wahrscheinlichkeitstheoretische Überlegungen anzustellen. Allerdings werden wir nur Begriffe elementarster Art brauchen: Mit dem Wissen, daß eine Wahrscheinlichkeit eine Zahl zwischen 0 und 1 ist, kommt man schon ziemlich weit. (Die, die es noch genauer wissen wollen, seien auf die Lehrbuchliteratur, z.B. [Bos94] verwiesen.)

3.1 Chiffriersysteme

Nach unseren bisherigen Vorstellungen vereinbaren Sender und Empfänger *einen* Schlüssel und chiffrieren damit *einen* Klartext. Der richtige Gesichtspunkt für die folgenden Überlegungen unterscheidet sich ein bißchen von diesem Ansatz. Wir betrachten jetzt *Systeme*, die aus einer *Menge* von Klartexten, den zugehörigen Geheimtexten und Schlüsseln bestehen. Wenn man die folgenden Überlegungen ganz präzise durchführen wollte, so müßte man alles axiomatisch behandeln; für unsere Zwecke ist es aber besser, die Konzepte durch typische Beispiele zu erklären.

Ein typisches Beispiel für eine Menge von Klartexten ist die Sammlung der deutschen Romane von 1800 bis 1900, die sich im Deutschen Literaturarchiv in Marbach befinden. Wir erhalten ein Chiffriersystem, wenn wir zusätzlich alle 312 affinen Chiffrierungen (siehe Abschnitt **1.4**) und die zugehörigen Geheimtexte betrachten. Für ein anderes Beispiel nehmen wir als Klartexte alle lateinischen Wörter, die in einem der bislang erschienen *Asterix*-Bände vorkommen, alle 26 additiven Verschlüsselungsalgorithmen und die resultierenden Geheimtexte.

Wir benötigen einige Bezeichungen. Mit **M** (für messages) bezeichnen wir die Menge aller Klartexte (in unseren Beispielen die Menge aller Romane bzw. die lateinischen Wörter aus *Asterix*). Die Menge aller Schlüssel — wir werden dafür keinen speziellen Namen brauchen — ist in unserem ersten Beispiel die Menge aller Paare (s,t), wobei s eine Verschiebung und t eine der 12 zulässigen Multiplikationen bezeichnet. Schließlich sei **C** die Menge aller Geheimtexte (im ersten Beispiel erhalten wir 312 Geheimtexte für jeden Klartext).

Ein einfaches, aber nicht sehr realistisches Chiffriersystem ist in Bild 3.1 zu sehen.

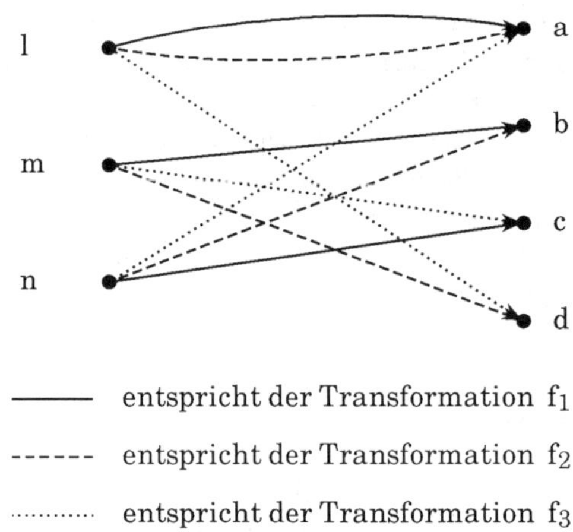

Bild 3.1 Ein Chiffriersystem

M besteht aus drei Klartexten l, m, n. Wenn wir die Mächtigkeit einer Menge durch senkrechte Striche andeuten, so ist also $|\mathbf{M}| = 3$. Die Menge **C** der Geheimtexte besteht aus den Elementen a, b, c, d; also ist $|\mathbf{C}| = 4$. Der Algorithmus wird in diesem Bild durch Pfeile dargestellt; er wird mit dem Buchstaben f bezeichnet, wobei als Index 1, 2 oder 3 hinzugefügt wird; diese Zahlen repräsentieren die Schlüssel. Beispielsweise ist $f_1(l) = a$, $f_1(m) = b$, $f_1(n) = c$.

Allgemein bezeichnen wir mit f den Verschlüsselungsalgorithmus. Wenn Sender und Empfänger einen Schlüssel k vereinbart haben, benutzen sie eine Spezialisierung f_k des Algorithmus f. Für jeden Schlüssel k muß es also eine Spezialisierung f_k von f geben. Diese Abbildungen f_k von **M** in **C** nennen wir **Transformationen**. Die Menge aller Transformationen sei **F**; im Beispiel von Bild 3.1 ist also $|\mathbf{F}| = 3$.

Was sind die Eigenschaften der Abbildungen $f_k \in \mathbf{F}$? Eine Forderung, die keiner Begründung bedarf ist, daß der Empfänger in der Lage sein muß, den Geheimtext $f_k(m)$ zu entschlüsseln. Daher muß es eine Abbildung f_k^{-1} geben mit der Eigenschaft, daß

$$f_k^{-1}(f_k(m)) = m \text{ für alle } m \in \mathbf{M}$$

gilt. Mit anderen Worten: Jeder Geheimtext $f_k(m)$ kann durch Anwenden von f_k^{-1} entschlüsselt werden. Eine Transformation mit dieser Eigenschaft heißt **umkehrbar**.

Nun sind wir in der Lage, ein Chiffriersystem zu definieren. Diese Definition geht im wesentlichen auf den Urvater der modernen Kryptographie Claude E. **Shannon** (geb. 1916) [Sha49] zurück.

Ein (symmetrisches) **Chiffriersystem** besteht aus einer Menge **M** von Klartexten, einer endlichen Menge **C** von Geheimtexten und einer Menge **F** von umkehrbaren Transformationen von **M** in **C** (siehe Bild 3.2).

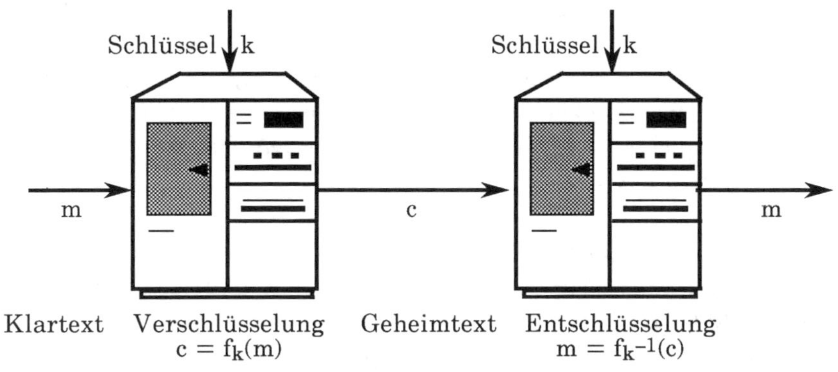

Bild 3.2 Ein (symmetrisches) Ciffriersystem

Bevor uns die Buchstaben ausgehen, sollten wir besser einhalten und nochmals das Beispiel aus Bild 3.1 betrachten. Dieses Beispiel macht uns zwei Dinge klar:

1. Es ist möglich, daß zwei verschiedene Transformationen (in unserem Beispiel f_1 und f_2) denselben Klartext in den denselben Geheimtext überführen.

2. Die Tatsache, daß die Transformation f_k umkehrbar ist, bedeutet, daß an keinem Punkt der rechten Seite (d.h. an keinem Geheimtext) zwei Pfeile mit Namen f_k ankommen. (Sonst könnte dieser Geheimtext nicht eindeutig dechiffriert werden.) Daraus ergibt sich zwingend, daß die Anzahl der Klartexte höchstens so groß sein kann wie die Anzahl der Geheimtexte: $|\mathbf{M}| \leq |\mathbf{C}|$.

Der Leser ist aufgefordert, sich einige (möglichst exotische) Chiffriersysteme zu konstruieren (wobei **M**, **C**, und **F** höchstens sechs Elemente zu haben brauchen).

3.2 Perfekte Sicherheit

Jetzt wissen wir, was ein Chiffriersystem ist. Wir können aber noch nicht sagen, was es bedeuten soll, daß ein solches System „sicher" ist. Das Hauptziel dieses Abschnitts ist es, zu einer präzisen Beschreibung eines sicheren Chiffriersystems zu kommen. Da wir nicht nur an „sicheren", sondern sogar an „perfekten" Systemen interessiert sind, müssen wir auch sagen, was das sein soll.

Intuitiv gesagt bedeutet „perfekte Sicherheit", daß der Kryptoanalytiker Mr. X keine Chance hat, seine Kenntnisse über das System zu vergrößern, auch wenn ihm alles Wissen und alle Rechenkapazität der Welt zur Verfügung steht.

In den beiden ersten Kapiteln haben wir erfahren, daß Kryptoanalyse viel mit Wahrscheinlichkeiten zu tun hat. Daher ist es kein Wunder, daß dieser Begriff auch jetzt wieder auftaucht. Für jeden Klartext μ sei $\mathbf{p}(\mu)$ die Wahrscheinlichkeit für sein Auftreten.

Beispiele:

(a) Angenommen, die „Klartexte" in **M** sind die *Buchstaben* der Wörter eines deutschen Buches, sagen wir, der Märchen der Gebrüder Grimm; im Sinne von Bild 3.1 wären dann beispielsweise die Buchstaben e, s, w, a, r, e, i, n, m, a, l, . . . auf der linken Seite des Bildes untereinander geschrieben. Falls die uns interessierende „Nachricht" μ der Buchstabe **e** ist, so ist $p(\mu)$ nichts anderes als die relative Häufgkeit des Buchstabens **e**; gemäß Tabelle 1.2 wäre also $p(\mu) \approx 0{,}174$.

(b) Nun stellen wir uns vor, die Klartextmenge **M** bestehe aus den aufeinanderfolgenden *Paaren* der Buchstaben von Grimms Märchen. In unserem Standardformat wären all die Paare es, sw, wa, ar, re, ei, in, nm, ma, al, . . . in einer Spalte aufgelistet. Ist μ ein spezielles solches Bigramm, so ist $p(\mu)$ die Häufigkeit dieses Bigramms in Grimms Märchen. Wie wir in Abschnitt **1.6** erwähnt haben, sind **en** und **er** die häufigsten Bigramme der deutschen Sprache.

Die Zahlen $p(\mu)$ heißen **a priori-** (oder **theoretische**) **Wahrscheinlichkeiten**; sie sind natürlich jedem guten Kryptoanalytiker bekannt.

Wir stellen uns nun vor, daß Mr. X einen Geheimtext γ abgefangen hat. Um γ zu analysieren kann er — mindestens prinzipiell — alle Klartexte μ durchgehen und jeweils die Wahrscheinlichkeit dafür bestimmen, daß der zu analysierende Geheimtext γ von dem Klartext μ herkommt. Wir bezeichnen diese **a posteriori-** (oder **beobachteten**) **Wahrscheinlichkeiten** mit $p_\gamma(\mu)$.

Beispiele:

(c) Sei **M** wie in obigem Beispiel (a) die Liste von Buchstaben aus Grimms Märchen; als Algorithmus betrachten wir die Verschiebechiffren mit allen 26 möglichen Schlüsseln. Wenn wir die Information aus Tabelle 1.1. dazu verwenden, ein Bild 3.1 entsprechendes Bild anzufertigen, so würden wir zunächst die Klartextbuchstaben links auflisten; von jedem

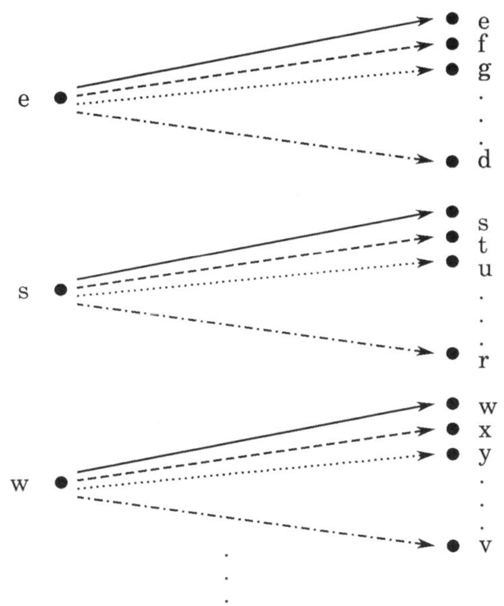

Bild 3.3 Das Kryptosystem für Beispiel (c)

solchen Buchstaben würden dann 26 Pfeile zu den 26 Geheimtextbuchstaben ausehen (für jeden Schlüssel einer), und zwar zu 26 Geheimtextbuchstaben — genauer gesagt zu denen, die in Tabelle 1.1 unter dem entsprechenden Klartextbuchstaben zu finden sind. Es gibt also 26 mal so viele Buchstaben in der rechten Spalte wie in der linken (siehe Bild 3.3).

Man beachte, daß jeder Geheimtextbuchstabe γ die gleiche Chance hat, von einem bestimmten Klartextbuchstaben herzurühren: In etwa 17,4% der Fälle kommt γ von **e** her, in etwa 9,8% der Fälle von **n**, usw. Mit anderen Worten

Für jeden Geheimtext γ *ist* $p_\gamma(\mu) = p(\mu)$ *für jeden Klartext* μ.

(d) Nun möge jeder Klartext aus **M** bestehen aus den ersten 100 Buchstaben einer jeden Seite des ersten Bandes des *Großen Brockhaus*. Somit ist $|\mathbf{M}|$ gleich der Anzahl der Seiten dieses Bandes. Der Algorithmus möge wieder aus den Verschiebechiffren bestehen. Das Bild bestünde jetzt aus Blöcken von je 100 Buchstaben, die in einer riesigen linken Spalte zusammengefaßt wären; von jedem solchen Block gingen 26 Pfeile aus, jeder zu dem entsprechenden Geheimtext. Für jeden Klartext μ ist seine Wahrscheinlichkeit $p(\mu) = 1/|\mathbf{M}|$, eine zwar sehr kleine, aber immer noch knapp positive Zahl. Da es ganz einfach ist zu überprüfen, ob ein spezieller Geheimtext γ von einem bestimmten Klartext μ herkommt oder nicht (die Verteilung der Buchstaben in γ muß genau der Verteilung der Buchstaben in μ ensprechen), ist $p_\gamma(\mu)$ entweder 0 oder 1. Das bedeutet insbesondere

Für jeden Geheimtext γ *ist* $p_\gamma(\mu) \neq p(\mu)$ *für jeden Klartext* μ.

Diesen Sachverhalt müssen wir uns noch etwas genauer zu Gemüthe führen: Angenommen, der Kryptoanalytiker Mr. X würde feststellen, daß für ein gewisses μ

$$p_\gamma(\mu) > p(\mu)$$

gilt. Dann wüßte er, daß der Geheimtext γ mit hoher Wahrscheinlichkeit von dem Klartext μ herkommt. Er hätte also durch die Analyse etwas gelernt. Das soll aber bei einem perfekten System natürlich nicht der Fall sein. Wäre andererseits

$$p_\gamma(\mu) < p(\mu),$$

so wüßte Mr. X, daß γ nur mit sehr kleiner Wahrscheinlichkeit von μ herkommt. Auch in diesem Fall hätte er seine Kenntnisse erweitert.

Wir definieren nun: Ein Chiffriersystem **S** bietet **perfekte Sicherheit**, falls für jeden Geheimtext γ gilt

$$p_Y(\mu) = p(\mu) \text{ \textit{für alle Klartexte} } \mu.$$

Mit anderen Worten: **S** ist perfekt, falls die A-priori-Wahrscheinlichkeiten gleich den A-posteriori-Wahrscheinlichkeiten sind. Das ist genau das Phänomen, das in Beispiel (c) auftritt. *Verschiebechiffren sind perfekt, wenn sie auf einzelnen Buchstaben operieren!* Mr. X kann dann so hart arbeiten wie er will — er wird nach der Analyse keinen Deut schlauer sein als wie zuvor; die Geheimtextbuchstaben sind nämlich völlig zufällig verteilt.

*

So weit, so perfekt. Aber: Gibt es überhaupt perfekte Systeme? Noch genauer gefragt: Wie kann man erkennen, ob ein System perfekt ist oder nicht? Was man dazu braucht, sind einige einfach zu überprüfende Kriterien, die einem sagen, ob ein Chiffriersystem perfekt ist oder nicht.

1. Kriterium. *Ist das Chiffriersystem* **S** *perfekt, so kann jeder Klartext mit einem zu* **S** *gehörigen Schlüssel auf jeden beliebigen Geheimtext abgebildet werden.*

Mit anderen Worten: Zeichnen wir ein perfektes System **S** entsprechend Bild 3.1, so führt von jedem Punkt links zu jedem Punkt rechts (mindestens) ein Pfeil.

Warum gilt diese Kriterium? Betrachten wir dazu einen Klartext μ und einen Geheimtext γ.

Erste Beobachtung: Da **S** perfekt ist, gilt $p_\gamma(\mu) = p(\mu)$.

Zweite Beobachtung: In jedem System ist $p(\mu) > 0$, da jeder Klartext ja mit einer (vielleicht sehr kleinen, aber doch noch positiven) Wahrscheinlichkeit auftritt. Zusammen ergibt sich $p_\gamma(\mu) > 0$.

Was heißt das? Dies bedeutet, daß es einen Schlüssel gibt, mit dem μ in γ chiffriert wird. (Gäbe es keinen solchen Schlüssel, so wäre nämlich $p_\gamma(\mu) = 0$). Damit haben wir das erste Kriterium bereits bewiesen.

Dieses Kriterium ist sehr nützlich — in einem „negativen Sinn": Es ermöglicht uns zu entscheiden, daß gewissen Systeme *nicht* perfekt sind. Beispielsweise ist das Chiffriersystem aus Bild 3.1 nicht perfekt (zum Beispiel ist 1 nicht mit b verbunden). Ebenso kann die Tatsache, daß das Beispiel (d) nicht perfekt ist, auf Kriterium 1 zurückgeführt werden.

2. Kriterium. *Wenn* **S** *perfekt ist, dann gilt:*

$$|\mathbf{F}| \geq |\mathbf{C}| \geq |\mathbf{M}|.$$

Wir haben uns bereits am Ende von Abschnitt **3.1** klargemacht, daß in jedem Chiffriersystem $|\mathbf{C}| \geq |\mathbf{M}|$ gilt; dies hat nichts mit Perfektheit zu tun.

Warum ist $|\mathbf{F}| \geq |\mathbf{C}|$? Um das einzusehen, betrachten wir einen gegebenen Klartext μ und verschlüsseln diesen mit allen möglichen Transformationen von **S**. Nach dem 1. Kriterium kann μ in jeden möglichen Geheimtext überführt werden. Für jeden Geheimtext braucht man aber mindestens eine Transformation. (Denn ein- und dieselbe Transformation kann unmöglich μ in γ und gleichzeitig in $\gamma' \neq \gamma$ abbilden.) Also braucht man mindestens soviele Transformationen wie Geheimtexte. Somit gilt $|\mathbf{F}| \geq |\mathbf{C}|$.

Nun drehen wir den Spieß um. Das folgende Kriterium ermöglicht es, perfekte Systeme in Hülle und Fülle zu produzieren. Der Beweis dieser Tatsache ist prinzipiell nicht schwierig. Trotzdem verlangt er etwas Routine im Umgang mit Wahrscheinlichkeiten. Interessenten finden in Übungsaufgabe **9** Trost und Hilfe.

3. Kriterium. *Sei* **S** *ein Chiffriersystem mit*

$$|\mathbf{F}| = |\mathbf{C}| = |\mathbf{M}|,$$

in dem alle Schlüssel mit der gleichen Wahrscheinlichkeit vorkommen. Ferner setzen wir voraus, daß es zu jedem Klartext μ *und zu jedem Geheimtext* γ *genau eine Transformation aus* **S** *gibt, die* μ *in* γ *überführt. Dann ist* **S** *perfekt!*

Wie gesagt, damit kann man perfekte Systeme auf einfachste Weise konstruieren. Bild 3.4 zeigt ein Beispiel. (Die vier verschiedenen Transformationen sind durch unterschiedliche Pfeilarten dargestellt.)

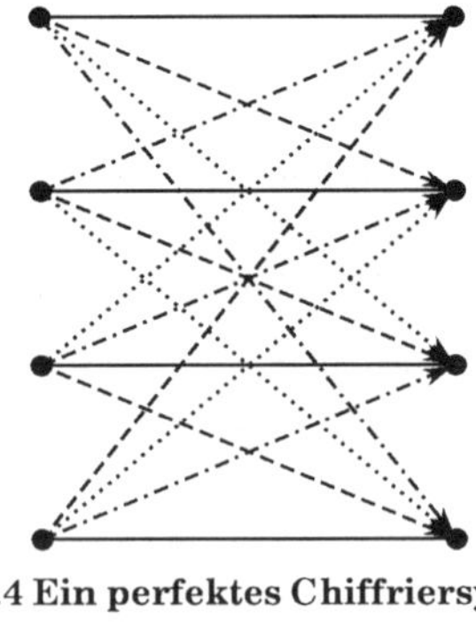

Bild 3.4 Ein perfektes Chiffriersystem

3.3 Das one-time Pad

Jetzt wollen wir ein perfektes System besprechen, das sowohl für die Theorie als auch als Vorbild für die Praxis eine nicht zu überschätzende Bedeutung hat.

Die Klartexte bestehen aus allen Buchstabenkombinationen einer gewissen Länge, sagen wir der Länge n. Als Schlüssel wählen wir ebenfalls alle 26^n Folgen aus n Buchstaben; jede dieser Schlüsselfolgen werde mit der gleichen Wahrscheinlichkeit gewählt. Die Verschlüsselung eines Klartextes $\mathbf{a}_1\mathbf{a}_2 \ldots \mathbf{a}_k$ erfolgt gemäß folgendem Schema:

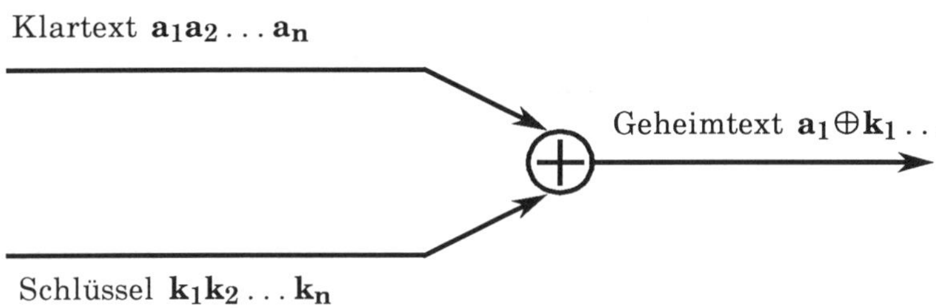

Bild 3.5 Das System von Vernam

Jeder Klartextbuchstabe $\mathbf{a}_i$ wird sozusagen zum Schlüsselbuchstaben $\mathbf{k}_i$ addiert; anders gesagt: $\mathbf{a}_i$ wird mit demjenigen Verschiebealphabet chiffriert, das mit dem Buchstaben $\mathbf{k}_i$ beginnt. In der Sprache von Kapitel 2 heißt dies: Man benutzt den Vigenère-Algorithmus, mit der man den Klartext $\mathbf{a}_1\mathbf{a}_2 \ldots \mathbf{a}_n$ mit Hilfe des Schlüsselworts $\mathbf{k}_1\mathbf{k}_2 \ldots \mathbf{k}_n$ verschlüsselt.

Mit dem obigen 3. Kriterium können wir uns überzeugen, daß *dieses Chiffriersystem perfekte Sicherheit bietet:* Die Menge der Klartexte ist gleich der Menge der Geheimtexte, und diese wiederum ist gleich der Menge der Schlüssel. (Denn alle drei Mengen bestehen aus allen Buchstabenfolgen der Länge n.) Erst recht gilt dann

$$|\mathbf{F}| = |\mathbf{C}| = |\mathbf{M}|.$$

Damit ist die erste Voraussetzung bereits nachgeprüft. Um auch die zweite zu verifizieren, überlegen wir uns, daß es zu jedem Klartext $\mu = \mathbf{a}_1\mathbf{a}_2 \ldots \mathbf{a}_n$ und zu jedem Geheimtext $\gamma = \mathbf{c}_1\mathbf{c}_2 \ldots \mathbf{c}_n$ genau einen Schlüssel $\mathbf{k}_1\mathbf{k}_2 \ldots \mathbf{k}_n$ gibt, der μ in γ überführt: Da die Verschlüsselung buchstabenweise erfolgt, genügt es, sich diese Eigenschaft für einen Klartextbuchstaben $\mathbf{a}_i$ und einen Geheimtextbuchstaben $\mathbf{c}_i$ klarzumachen — aber in diesem Fall ergibt sich die Behauptung direkt aus der Definition einer Vigenèrechiffre.

Damit sind alle Voraussetzungen des 3. Kriteriums erfüllt. Daher wissen wir, daß das betrachtete System perfekt ist: *Es ist unknackbar!*

Dieses System wurde 1917 von dem amerikanischen AT&T-Ingenieur Gilbert S. **Vernam** (1890 bis 1960) erfunden; üblicherweise wird es **one-time pad** genannt. (In früheren Zeiten waren die Schlüsselbuchstaben auf den Blättern eines Abreißblocks geschrieben; sobald ein Schlüsselbuchstabe verwendet worden war, wurde das entsprechende Blatt abgerissen und vernichtet.)

Heute wird das one-time pad nicht mit Buchstaben sondern mit Bits betrieben (siehe Bild 3.6). Dann sind die $\mathbf{a_i}$, $\mathbf{k_i} \in \{0,1\}$, und der Geheimtext $\mathbf{a_1 \oplus k_1}$, $\mathbf{a_2 \oplus k_2}$ . . . wird durch bitweise binäre Addition erhalten, also durch Anwenden der Regeln

$$\mathbf{1 \oplus 1 = 0 \oplus 0 = 0; 1 \oplus 0 = 0 \oplus 1 = 1.}$$

Wir werden dieser Operation im nächsten Abschnitt nochmals begegnen.

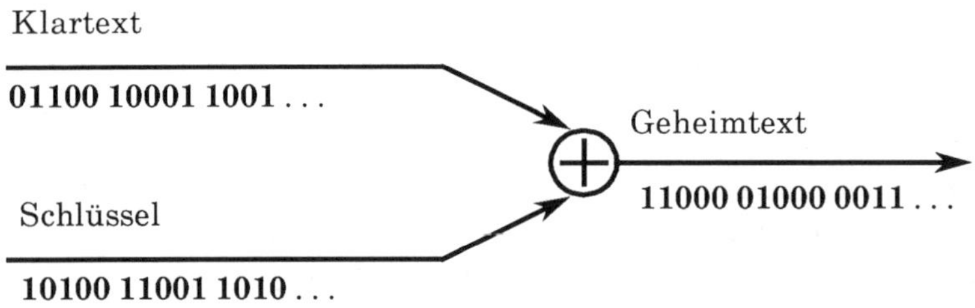

Bild 3.6 Das one-time Pad

Für die Sicherheit dieses Systems ist es entscheidend, daß alle Folgen der Länge n mit derselben Wahrscheinlichkeit vorkommen. Mit anderen Worten: Die *Schlüsselbits müssen zufällig gewählt werden.* Am besten stellt man sich das so vor, daß eine faire Münze geworfen wird (Kopf = 1, Zahl = 0). Es gibt natürlich schnellere Methoden. In der Praxis wird man eine physikalische Zufallsquelle benutzen und damit die Bits automatisch erzeugen.

Für diese Form von perfekter Sicherheit muß man — nicht unerwartet — einen hohen Preis bezahlen. Für ein traditionelles one-time pad braucht man eine große Menge an Papier, das vor Angreifern absolut sicher aufbewahrt werden muß. Deshalb werden solche Systeme nur selten benutzt. Im zweiten Weltkrieg wurde es von der englischen Entschlüsselungstruppe von Bletchley Park benutzt, um dem Premierminister die Nachrichten zu übermitteln, die von den Deutschen mit der Enigma verschlüsselt worden waren und die die Engländer geknackt hatten. So erreichten die Aliierten, daß die Deutschen bis Kriegsende nicht wußten, daß die Enigma geknackt worden war.

Bis vor wenigen Jahren sollen die Gespräche über den „heißen Draht" zwischen dem Weißen Haus und dem Kreml mit Hilfe eines (elektronischen) one-time pads verschlüsselt worden sein. Allerdings wurde dieses System — denselben unbestätigten Gerüchten zufolge — nur von Wartungstechnikern zu Testzwecken benutzt. Heute stehen verschiedene Algorithmen zur Verfügung, darunter auch einer, der auf einem one-time pad beruht.

*

Warum wird dieses unbezweifelbar perfekte System offenbar nur ganz selten eingesetzt? Um diese Frage zu beantworten, versetzen wir uns in die Lage des Empfängers. Dieser kann natürlich den Geheimtext bequem entschlüsseln: Dechiffrieren ist im wesentlichen derselbe Vorgang wie Verschlüsseln. (Verwendet man Bits, ist das Entschlüsseln sogar ganz genau dasselbe wie das Verschlüsseln.) Gut, er kann also bequem entschlüsseln — aber nur, wenn er den Schlüssel hat!

Wo soll da ein Problem liegen?

Das Problem besteht in der Tat darin, einen langen geheimen Schlüssel zu übermitteln. Wenn man ihn auf demselben Weg übermittelt wie den Klartext, so ist wegen der Länge des Schlüssels die Chance, gelesen zu werden, so groß wie bei einer (unverschlüsselten) Übermittlung des Klartexts. Man könnte die Meinung haben, bei einem solchen System könnte der Sender seinem Gegner den Klartext genausogut frei Haus schicken. Dies ist nicht ganz richtig; denn für die Schlüsselübermittlung kann der Sender in der Regel sowohl die Art und Weise als auch den Zeitpunkt der Übermittlung selbst bestimmen, während dies bei der Nachricht meist nicht zutrifft.

Eine andere Art und Weise der Schlüsselübermittlung ist es, einen Kurier zu benutzen. Natürlich hat man dadurch das Risiko auf den anderen Übermittlungsweg verlagert: Der Bote lebt ziemlich gefährlich und vielleicht nicht sehr lange. Wichtiger ist, daß die Kommunikationspartner den *Zeitpunkt des Schlüsselaustauschs* selbst festlegen können, während der *Zeitpunkt der Nachrichtenübermittlung* weitgehend von äußeren Faktoren bestimmt wird. Am Beispiel des „heißen Drahtes" kann man das gut erkennen: Die Magnetbänder, auf denen der Schlüssel gespeichert ist, können von Diplomaten in aller Seelenruhe auf den üblichen Wegen an Ort und

Stelle geschafft werden. Wenn dann wirklich einmal eine Krisensituation auftritt, können die beiden Superchefs sofort miteinander telefonieren — jedenfalls werden sie nicht durch komplizierte Schlüsselverteilungsmechanismen daran gehindert.

3.4 Schieberegister

Man kann das Problem der Schlüsselübermittlung beliebig lange diskutieren — Tatsache ist, daß es sich nicht nur um ein theoretisches Problem handelt, sondern daß die Schwierigkeit des Schlüsselaustauschs den praktischen Einsatz von Kryptosystemen stark beeinflußt. In Kapitel 5 werden wir neue und sehr erfolgreiche Schlüsselaustauschprotokolle vorstellen. Es bleibt aber äußerst schwierig, im Fall des one-time pads mit diesem Problem fertigzuwerden.

Ein wichtiger Ansatz, dieses Problem zu lösen, besteht darin, anstelle wirklich zufälliger Schlüsselfolgen nur **pseudozufällige** Folgen zu verwenden. Eine solche Folge sieht auf den ersten (und, wenn sie gut ist, auch auf den zweiten) Blick genauso aus wie eine echte Zufallsfolge, aber sie ist keine. Noch wichtiger: Eine Pseudozufallsfolge kann durch ganz wenige Daten bestimmt sein. Der Sender muß also nur diese wenigen Daten übermitteln; diese stellen den eigentlichen Schlüssel dar. Dann können beide Kommunikationspartner aus diesen Daten die Pseudozufallsfolgen berechnen und damit ver- und entschlüsseln (siehe Bild 3.7). Das Problem der Schlüsselübermittlung ist dadurch natürlich nicht prinzipiell gelöst, aber doch erheblich entschärft.

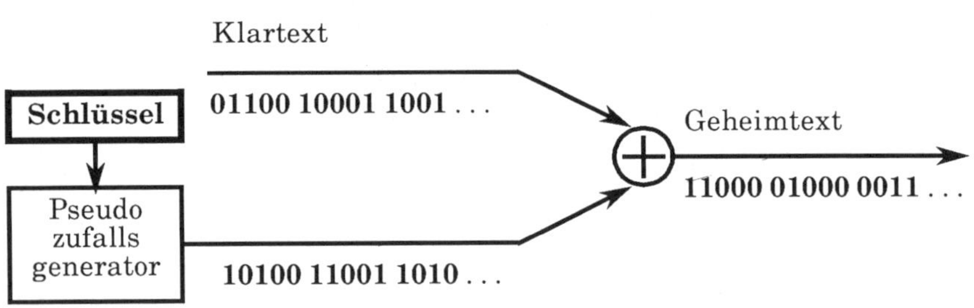

Bild 3.7 Pseudozufallsgenerator

Selbstverständlich muß man für diesen Vorteil bezahlen: Solche Systeme bieten keine perfekte Sicherheit. Man wird daher nach einem Kompromiß zwischen der erzielten Sicherheit und der Menge der geheim zu übermittelnden Daten suchen. In der zweiten Hälfte dieses Kapitels werden wir uns mit der Erzeugung von Pseudozufallsfolgen und einigen dabei auftretenden Problemen beschäftigen.

*

In der Praxis werden fast ausschließlich (pseudo-) zufällige 0,1-Folgen verwendet, und darauf wollen wir uns im folgenden auch beschränken. Für kryptologische Zwecke hat sich die Erzeugung von Pseudozufallsfolgen mittels „Schieberegistern" durchgesetzt. Dafür gibt es zwei wesentliche Gründe.

1. Schieberegister können in Hardware sehr effizient realisiert werden.

2. Die mathematische Theorie der Schieberegister hat sich in den letzten 20 Jahren sehr entwickelt, und man versteht die Schieberegister heute ziemlich gut. Insbesondere hat man Methoden entwickelt, die in einem gewissen Sinne die Sicherheit von Schieberegisterfolgen quantifizierbar machen.

Ein Schieberegister sieht auf den ersten Blick ziemlich technisch aus (wie jedes mechanische Gerät); aber keine Angst: Alles ist gut zu verstehen.

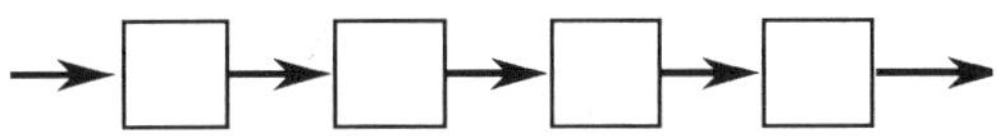

Dies ist ein **Schieberegister** der **Länge** 4. Es besteht aus 4 hintereinander angeordneten Zellen, die jeweils ein Bit speichern können. Jede Zelle hat also den **Zustand** 0 oder 1. In einem gewissen Takt werden die Bits in Pfeilrichtung durch das Register hindurchgeschoben (daher der Name). Das heißt: Die erste Zelle (das ist die Zelle ganz rechts) gibt ihr Bit ab und nimmt dafür das der zweiten Zelle auf; diese übernimmt das der dritten Zelle, usw. Schließlich gibt die letzte Zelle (also die ganz links) ihr Bit an die vorletzte ab.

Würde das Schieberegister nur das tun, wäre die Sache *ungerecht* (denn die letzte Zelle müßte ihr Bit ohne Entgelt hergeben) und *langweilig* (denn nach 4 Takten wäre das Register leer).

Kurzum: Die letzte Zelle muß am Leben erhalten werden und irgendwoher ein Bit kriegen. Aber woher? Und welches Bit? Zunächst ist man versucht, wie folgt zu argumentieren: Die erste Zelle könnte ihr Bit nicht nur nach außen abgeben, sondern auch wieder in die letzte Zelle einspeisen:

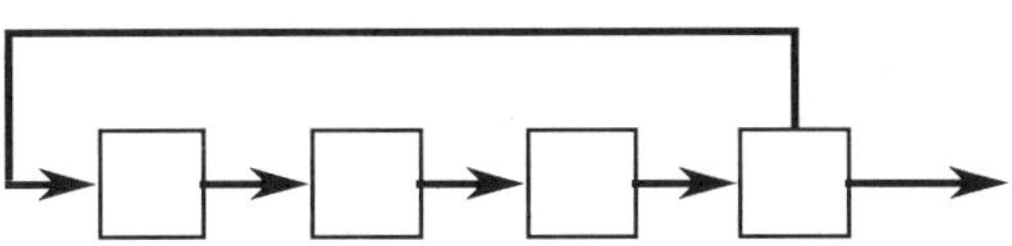

Dies ist eine gute Idee; Man muß **zurückkoppeln**! Allerdings ist der erste Vorschlag noch zu naiv. Denn das Schieberegister würde dann nur die ursprünglichen Zustände der Zellen periodisch ausstoßen. Eine solche Folge ist für kryptographische Zwecke zu durchsichtig.

Die letzte Zelle könnte daher nicht nur von der ersten was kriegen, sondern auch von anderen. Fragt sich nur, von welchen Zellen und was? Das ist in der Tat die Frage.

*

Bei einem **linear rückgekoppelten Schieberegister** hat man diese Frage wie folgt beantwortet: Es wird eine gewisse Menge von Zellen ausgewählt. Deren Zustände werden addiert und als Rückkopplung in die letzte Zelle eingeführt. Die **Addition** wird dabei nach folgender Regel durchgeführt:

$$\mathbf{0 \oplus 0 = 0,\ 1 \oplus 0 = 1,\ 0 \oplus 1 = 1,\ 1 \oplus 1 = 0}.$$

Der Mathematiker sagt zu dieser allereinfachsten Addition auch hochnäsig, sie erfolge **modulo 2**, während ein Techniker dieses $\oplus$ als **XOR**-Operation (**exclusive or**) kennt. Ein typisches linear rückgekoppeltes Schieberegister der Länge 4 sehen Sie auf dem folgenden Bild.

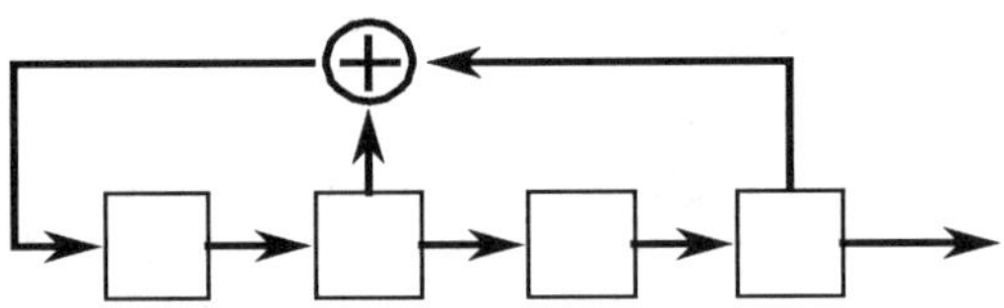

Dieses Schieberegister wird so zurückgekoppelt, daß die Inhalte der ersten und der dritten Zelle addiert, und das Ergebnis in die letzte Zelle eingespeist wird.

Die Zellen, von denen aus ein Pfeil nach oben geht, sind die ausgewählten Zellen, die die Rückkopplung der letzten Zelle liefern. Die anderen Zellen sind reine Arbeitszellen, denen das Wenige, was sie zum Zeitpunkt i erhalten haben, zum Zeitpunkt $i+1$ wieder genommen wird.

Der Wert, der in die letzte Zelle eingespeist wird, heißt **Rückkopplung** (genauer gesagt: **Rückkopplungswert**). Das Schieberegister wird **linear** genannt, weil die Rückkopplungsfunktion so einfach wie möglich, nämlich pure Addition ist.

Selbstverständlich kann man für die Rückkopplung auch mehr als zwei Zellen in Betracht ziehen; bei dem folgenden Schieberegister ist die Rückkopplung die Summe der Inhalte der ersten drei Zellen:

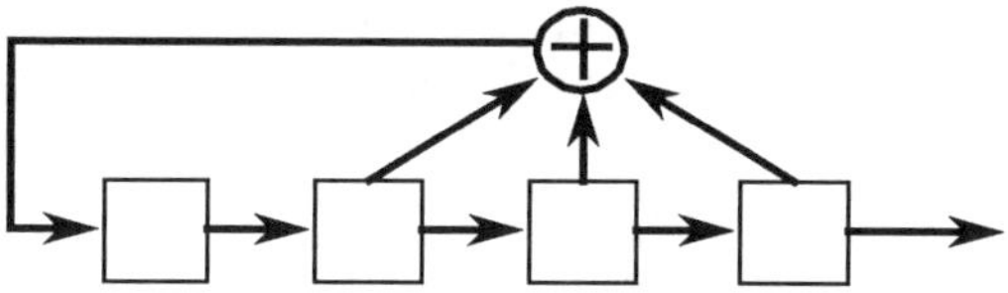

Nun ist es an der Zeit, ein *Beispiel* zu studieren; wir betrachten gleich zwei Schieberegister der Länge 4:

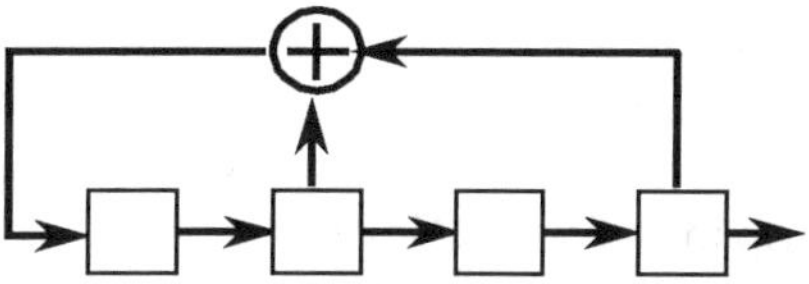

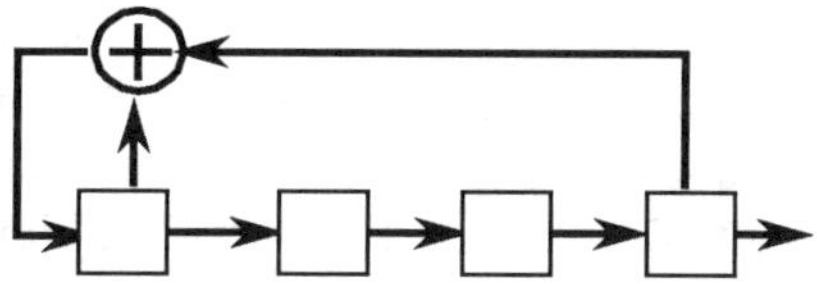

Jetzt kann's losgehen! — Halt, wie denn? — Aha, jedes Schieberegister braucht noch eine **Initialisierung**. Das heißt: Jede Zelle muß in einen definierten Zustand versetzt werden. Wir wählen in beiden Fällen die gleiche Initialisierung, nämlich 1 0 0 0.

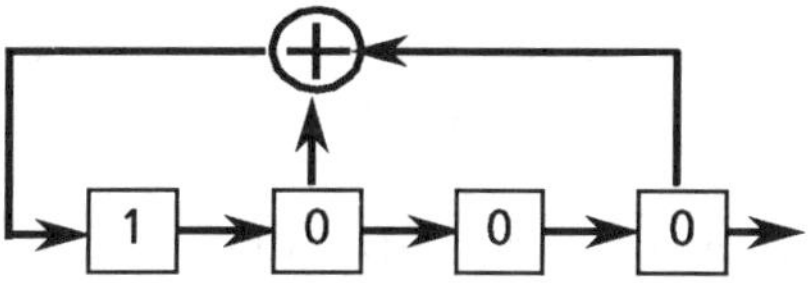

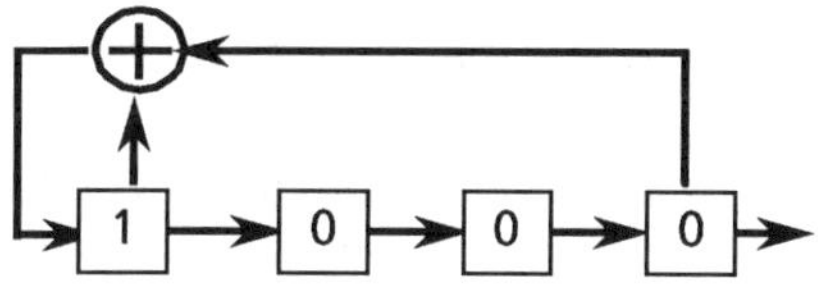

Wir beobachten jetzt die Zustände der Reihe nach — bis sich ein Zustand wiederholt:

1	0	0	0
0	1	0	0
1	0	1	0
0	1	0	1
0	0	1	0
0	0	0	1
1	0	0	0

1	0	0	0
1	1	0	0
1	1	1	0
1	1	1	1
0	1	1	1
1	0	1	1
0	1	0	1
1	0	1	0
1	1	0	1
0	1	1	0
0	0	1	1
1	0	0	1
0	1	0	0
0	0	1	0
0	0	0	1
1	0	0	0

Die zugehörigen Pseudozufallsfolgen sind jeweils die Bits, die aus der ersten Zelle ausgeschoben werden. Beim ersten Schieberegister erhalten wir also die Folge

$$000101\ 000101\ \ldots,$$

beim zweiten aber

$$000111101011001\ 000111101011001\ \ldots$$

Man beobachtet, daß sich die Folgen nach einer gewissen Zeit wiederholen: Sie sind **periodisch**; ihre **Periode** ist die Anzahl der Schritte bis zur Wiederholung. Zum Beispiel hat die erste Folge die Periode 6, während die zweite die Periode 15 hat. Es ist klar, daß man für ein Chiffriersystem eine möglichst lange Periode haben möchte — dann ist das Muster schwerer zu entdecken. Wir werden jedoch bald sehen, daß eine lange Periode einem Sicherheit eventuell auch nur vorgaukelt (siehe Abschnitt **3.5**).

Wie groß kann die Periode eines linearen Schieberegisters höchstens sein? Anders gefragt: Wieviele verschiedene Zustände kann ein Schieberegister annehmen? Da in unserem Beispiel jeder Zustand ein 4-Tupel aus Nullen und Einsen ist, kann man also auch fragen: Wieviele verschiedene 4-Tupel aus 0 und 1 gibt es? Die letzte Frage ist einfach zu beantworten: Die Anzahl aller 4-Tupel aus 2 Elementen ist $2^4 = 16$.

Aber ein Zustand spielt bei linearen Schieberegistern eine besondere, genauer gesagt: keine Rolle, und das ist der Zustand, bei dem alle Zellen den Wert 0 haben. Hat das Schieberegister einmal diesen Zustand erreicht, so kommt es davon nie wieder los, und alles bleibt auf ewig so, wie es ist. Um also eine maximale Periode zu erreichen, darf der Nullzustand nicht auftreten. Deshalb hat ein lineares Schieberegister der Länge 4 höchstens die Periode $2^4-1 = 15$. Daß es Schieberegister einer solchen maximalen Periode gibt, zeigt das obige Beispiel.

Die mathematischen Experten haben Kriterien entwickelt, die einem sagen, wann ein lineares Schieberegister der Länge n maximale Periode hat. Insbesondere wurde herausgefunden, daß es für jede gewünschte natürliche Zahl n ein lineares Schieberegister mit maximaler Periode $2^n - 1$ gibt. Der interessierte Leser sei auf die Literatur [BP82, Rue86] verwiesen. Es sei ihm aber nachdrücklich empfohlen, selbst (ohne jede Theorie) sein eigenes lineares Schieberegister mit maximaler Periode zu konstruieren (siehe Übungsaufgabe **14**).

3.5 Kryptoanalyse von linearen Schieberegistern

Wunderbar! Wir können also lineare Schieberegister zur Erzeugung von Pseudozufallsfolgen für kryptographische Zwecke einsetzen. Das ist billig, lineare Schieberegister laufen sehr schnell — was wollen wir mehr?

Nun, es ist zwar unbestreitbar, daß die mit linearen Schieberegistern erzeugten Folgen hervorragende statistische Eigenschaften aufweisen; das gilt sogar für Folgen, die von vergleichsweise kurzen linearen Schieberegistern stammen. Aber kryptologisch betrachtet haben diese Folgen doch einen außerordentlich zwielichtigen Charakter. Das liegt daran, daß sie einem Known-plaintext-Angriff keinen nennenswerten Widerstand entgegenzusetzen haben.

Stellen wir uns vor, der Kryptoanalytiker Mr. X weiß, daß zur Verschlüsselung ein lineares Schieberegister der Länge 4 benutzt wurde. Dann ist es seine Aufgabe, die Initialisierung und die genaue Gestalt der Rückkopplung zu finden. Stellen wir uns weiter vor, daß Mr. X eine Folge von 8 Klartextbits und die zugehörigen Geheimtextbits gefunden hat. Durch Addition dieser Bits erhält er daraus eine 8 Bit lange Teilfolge der Outputfolge des (unbekannten!) Schieberegisters. Nehmen wir an, diese Folge sei

$$\mathbf{0\,0\,0\,1\,1\,1\,1\,0}.$$

Machen wir uns nochmals die Funktionsweise eines Schieberegisters klar: Die ersten Outputbits sind die Bits, die im Schieberegister gespeichert waren, also die Initialisierungswerte. Weil unser Schieberegister *vier*stellig ist, liefern die ersten vier Bits (also die, die am weitesten links stehen) die Initialisierungswerte. Das heißt: Bevor unsere Folge ausgelesen wurde, hatte das Register folgenden Zustand:

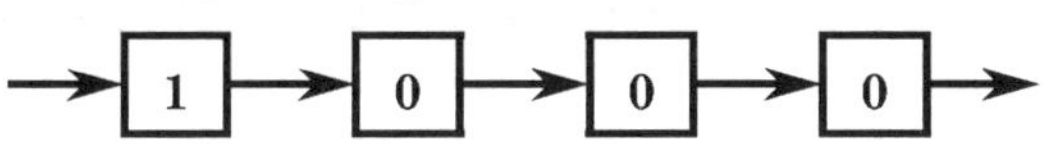

Dies war die einfache Hälfte der Aufgabe von Mr. X. Nun muß er noch die Rückkopplungskoeffizienten ermitteln. Zu diesem Zweck malt er an jede Zelle prophylaktisch einen Draht zur Rückkopplung, versieht aber jeden Draht mit einem Koeffizienten $\mathbf{c_i} \in \{\mathbf{0,1}\}$. Das soll bedeuten: Ist $\mathbf{c_i} = \mathbf{1}$, so

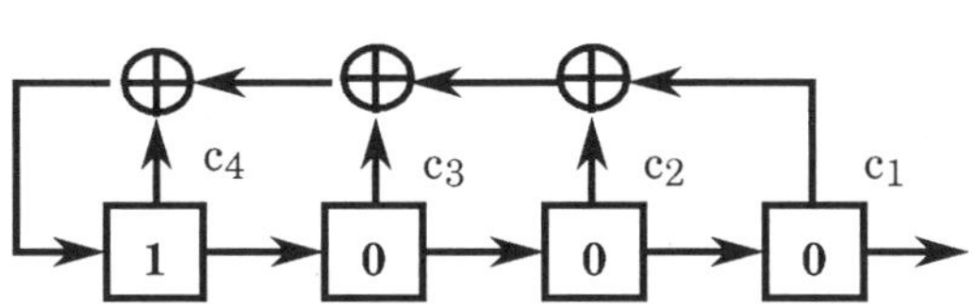

Bild 3.8 Ein allgemeines Schieberegister der Länge 4

ist der entsprechende Draht vorhanden (d.h. die entsprechende Zelle trägt zur Rückkopplung bei); im anderen Fall nicht. Schematisch sieht das Schieberegister also wie auf Bild 3.8 aus.

Zum Beispiel gilt für die in Abschnitt **3.4** betrachteten Schieberegister der Länge 4: $\mathbf{c_1 = 1, c_2 = 0, c_3 = 1, c_4 = 0}$ bzw. $\mathbf{c_1 = 1, c_2 = 0, c_3 = 0, c_4 = 1}$. Jetzt kann Mr. X sein Ziel klar formulieren: Bestimme die Werte c_i ! Dazu muß er sich einige Takte lang ansehen, was in den Zellen des Registers passiert. Nach einem Takt sieht es folgendermaßen aus:

Zustand der Zelle 4	Zustand der Zelle 3	Zustand der Zelle 2	Zustand der Zelle 1
$\mathbf{c_4}$	**1**	**0**	**0**

Im nächsten Takt steht in der linken Zelle $\mathbf{c_4 \cdot c_4 \oplus c_3}$. Dabei bedeutet „·" die Multiplikation im Binärsystem. Das heißt:

$$\mathbf{1 \cdot 1 = 1, \ 1 \cdot 0 = 0 \cdot 1 = 0 \cdot 0 = 0.}$$

Insbesondere ist $\mathbf{c_4 \cdot c_4 = c_4}$. Also sieht die Sache nach einer Zeiteinheit so aus:

Zustand der Zelle 4	Zustand der Zelle 3	Zustand der Zelle 2	Zustand der Zelle 1
$\mathbf{c_4 \oplus c_3}$	$\mathbf{c_4}$	**1**	**0**

Entsprechend geht es weiter. Nach dem dritten Takt ist es schon komplizierter. In Zelle 4 steht dann folgender Ausdruck, der glücklicherweise vereinfacht werden kann:

$$\mathbf{c_2 \oplus c_3 \cdot c_4 \oplus c_4 \cdot (c_4 \oplus c_3) = c_2 \oplus c_3 \cdot c_4 \oplus c_4 \cdot c_4 \oplus c_4 \cdot c_3 = c_2 \oplus c_4.}$$

(Auch hier gilt „Punkt vor Strich"; außerdem gilt $\mathbf{x \oplus x = 0}$ und $\mathbf{x \cdot x = x}$ für $\mathbf{x = 0}$ oder **1**.)

Zustand der Zelle 4	Zustand der Zelle 3	Zustand der Zelle 2	Zustand der Zelle 1
$\mathbf{c_2 \oplus c_4}$	$\mathbf{c_3 \oplus c_4}$	$\mathbf{c_4}$	**1**

Und nach dem vierten Takt meint man schon, den Überblick verloren zu haben:

Zustand der Zelle 4	Zustand der Zelle 3	Zustand der Zelle 2	Zustand der Zelle 1
$\mathbf{c_1 \oplus c_3 \oplus c_4 \oplus c_3 \cdot c_4}$	$\mathbf{c_2 \oplus c_4}$	$\mathbf{c_3 \oplus c_4}$	$\mathbf{c_4}$

Nun brauchen wir aber nicht mehr zu rechnen! In den nächsten vier Takten werden nämlich die jetzt vorhandenen Zustände der Reihe nach (von rechts nach links) ausgelesen.

Was herauskommt, weiß Mr. X aber bereits: Es sind die restlichen 4 Bits seiner abgehörten Folge! Daher weiß Mr. X, daß die folgenden Gleichungen gelten:

$$\mathbf{c_4 = 1},$$

$$\mathbf{c_3 \oplus c_4 = 1},$$

$$\mathbf{c_2 \oplus c_4 = 1}, \text{ und}$$

$$\mathbf{c_1 \oplus c_3 \oplus c_4 \oplus c_3 \cdot c_4 = 0}.$$

Daraus erhält man ohne jede Schwierigkeit

$$\mathbf{c_4 = 1, c_3 = 0, c_2 = 0} \text{ und } \mathbf{c_1 = 1}.$$

Das gesuchte Schieberegister ist also unser wohlbekanntes Register der Periode 15:

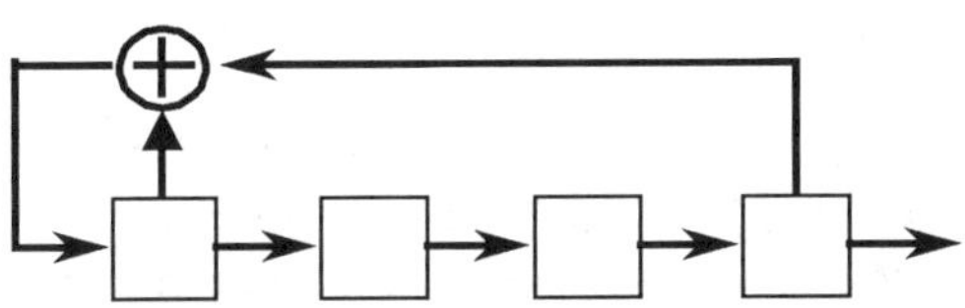

Allgemein kann man beweisen (siehe etwa [BP82, chapter 5]), daß Mr. X ein lineares Schieberegister der Länge n (also der maximalen Periode $2^n - 1$) knacken kann, wenn er auch nur 2n aufeinanderfolgende zusammengehörige Klartext / Geheimtext-Bits kennt. Das ist ein spektakuläres Ergebnis: Beispielsweise kann er eine Folge, die sich erst nach einer Million (genauer gesagt nach 1 048 575 = $2^{20} - 1$) Bits wiederholt, durch Kenntnis von schlappen 40 Outputbits rekonstruieren.

Was tun? Hat sich die ganze schöne Schieberegisteridee in Nichts aufgelöst? Vielleicht war es doch zuuu schön: Schieberegister lassen sich leicht realisieren und produzieren Pseudozufallsfolgen mit atemberaubender Geschwindigkeit (10 000 000 Bits pro Sekunde sind kein Problem). Diese schönen Eigenschaften möchte man sich erhalten. Aber man muß natürlich die eklatanten kryptographischen Schwächen vermeiden.

Das tut man, indem man **nichtlinear rückgekoppelte** (kurz: **nichtlineare**) Schieberegister verwendet. Bei diesen setzt man eine komplizierte (eben eine „nicht-lineare") Rückkopplungsfunktion **R** ein. Beispielsweise kann man neben Additionen auch Multiplikationen betrachten.

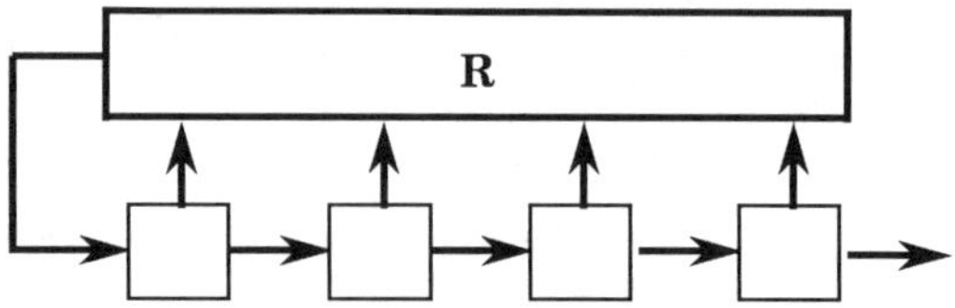

Als einfaches Beispiel betrachten wir folgendes Schieberegister der Länge 4.

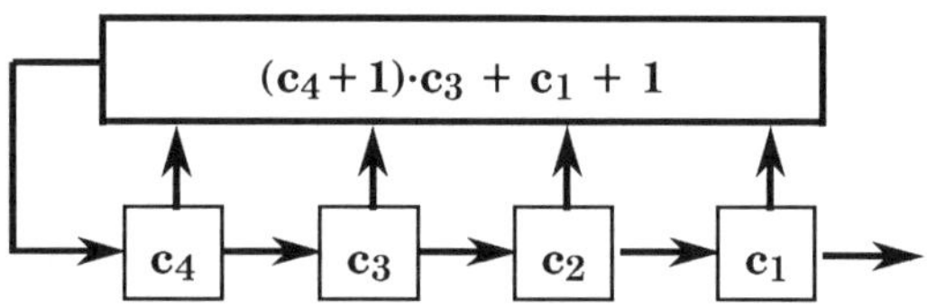

Man sieht relativ einfach, daß dieses Schieberegister nicht linear sein kann, da der Nullzustand in einen anderen Zustand überführt wird. (Man konsultiere auch die Übungsaufgaben **19** und **20**.) Natürlich bieten auch nichtlineare Schieberegister keine perfekte Sicherheit im Sinne von Abschnitt **3.2**, aber sie sind in der Regel besser als lineare Folgen. Tatsächlich ist es so, daß die Mehrzahl der heute verwendeten Kryptoalgorithmen auf nichtlinearen Schieberegisterfolgen basieren — obwohl man nicht vergessen sollte, daß der Algorithmus mit den höchsten Einschaltquoten zweifellos der DES ist.

*

Frage: *Kann man die kryptologische Qualität einer* 0,1-*Folge vernünftig messen?* Wir haben gesehen, daß ihre Periode sich dazu kaum eignet. In gewisser Weise bietet sich die sogenannte „lineare Komplexität" als ein solches Maß an: Es ist klar, daß sich jede periodische 0,1-Folge (der Periode p) durch ein *lineares* Schieberegister erzeugen läßt: Wenn einem nichts Intelligenteres einfällt, nimmt man einfach ein beliebiges Schieberegister der Länge p und schreibt die fragliche Folge als Startzustand in die Zellen des Registers. Dann wird in den ersten p Takten die gewünschte Folge ausgelesen. In der Regel wird man ein Schieberegister kleinerer Länge finden, das ebenfalls als Teil seines Outputs die fragliche Folge hat: Jede Folge maximaler Periode $p = 2^n-1$, die mit einem linearen Schieberegister der Länge n erzeugt wurde, dient als Beispiel mit $n \approx \log p$.

Die **lineare Komplexität** einer Folge ist definiert als die kürzeste Länge eines linearen Schieberegisters, das die vorgegebene Folge als (Teil ihrer) Outputfolge produziert. Je größer die lineare Komplexität einer Folge ist, desto besser ist diese Folge für Verschlüsselungszwecke geeignet. Aber Vorsicht: Eine große lineare Komplexität ist nur eine notwendige Bedingung für die kryptologische Stärke einer Folge!

Es gibt Verfahren, mit denen man die lineare Komplexität einer vorgegebenen Folge abschätzen kann, nämlich der **Berlekamp-Massey-Algorithmus** ([Mas69], siehe auch etwa [FR88], [Rue86]). Darauf soll aber hier wirklich nicht mehr eingegangen werden.

Übungsaufgaben

1. Konstruieren Sie einige Chiffriersysteme, indem Sie Klartexte, Geheimtexte und Transformationen geeignet definieren.

2. Zählen Sie die Häufigkeiten der Buchstaben einer fremden Sprache (englisch, italienisch, ungarisch). Stellen Sie die Hauptunterschiede zu den entsprechenden Häufigkeiten der deutschen Sprache fest.

3. Wieviele Buchstabenkombinationen der Länge 3 gibt es:
(a) wenn man alle möglichen Kombinationen zuläßt,
(b) wenn man nur sinnvolle deutsche Wörter betrachtet? [Hinweis: Über 50.]

4. Ein Betriebssystem akzeptiert zur Authentikation der Benutzer (vergleiche Kapitel 4) Paßwörter, die aus genau 4 alphanumerischen Zeichen bestehen.
(a) Wieviele Paßwörter gibt es insgesamt?
(b) Wieviele Paßwörter sind möglich, wenn jedes mindestens eine Ziffer und mindestens einen Buchstaben enthalten muß?
(c) Vergleichen Sie die in (a) und (b) erhaltenen Zahlen mit der Anzahl der Ihnen bekannten weiblichen Vornamen.
(d) Welches der Systeme (a) oder (b) würden Sie wählen, wenn Sie eine große Anzahl tatsächlich benutzter Paßwörter anstreben?

5. Das Beispiel aus Bild 3.1 kann durch weitere Transformationen ergänzt werden. Geben Sie mindestens vier solche Transformationen an.

6. (a) Wieviele umkehrbare Transformationen von **M** nach **C** gibt es, wenn $|\mathbf{M}| = 3$ und $|\mathbf{C}| = 5$ ist?
(b) Lösen Sie das entsprechende Problem für $|\mathbf{M}| = 1066$ und $|\mathbf{C}| = 1990$.

7. Beweisen Sie: Ein Chiffriersystem **S** ist perfekt, falls für alle Klartexte μ gilt

$$\mathbf{p}_\mu(\gamma) = \mathbf{p}(\gamma) \text{ für alle Geheimtexte } \gamma.$$

8. Geben Sie ein Chiffriersystem **S** mit

$$|\mathbf{F}| \geq |\mathbf{C}| \geq |\mathbf{M}|$$

an, das nicht perfekt ist.

▸▸ **9.** Schauen Sie in einem Statistik-Buch (etwa [Bos94]) die Bayes'sche Formel nach und beweisen Sie damit das 3. Kriterium. [Hinweis: Verwenden Sie Aufgabe **7**.]

10. Überzeugen Sie sich, daß die folgenden Verfahren Zufallsfolgen liefern:
(a) Werfen eines fairen Würfels. Falls man ungerade Zahlen in 1 und gerade Zahlen in 0 übersetzt, erhält man eine binäre Zufallsfolge.
(b) Drehen eines Roulette-Rads. Dies liefert eine Zufallsfolge, bei der jedes Element 37 Werte annehmen kann (die Zahlen 0, 1, . . ., 36).

11. Haben Sie schon mal einen 4-seitigen, 8-seitigen, 12-seitigen oder 20-seitigen fairen „Würfel" gesehen. [Hinweis: Schauen Sie in einem Geometriebuch (etwa [Cox63] oder [Beu86]) unter „platonische Körper" nach.]

12. Konstruieren Sie ein lineares Schieberegister der Länge 4, das einen Nicht-Null-Zustand in den Null-Zustand überführt.

13. Überzeugen Sie sich von folgender Tatsache: Bei jedem linearen Schieberegister maximaler Periode geht aus der ersten Zelle (ganz rechts) ein Pfeil nach oben heraus (das heißt, diese Zelle trägt aktiv zur Rückkopplung bei).

14. Konstruieren Sie lineare Schieberegister der Längen 3, 5, 6 mit maximalen Perioden.

15. Die folgende Outputfolge wurde von einem linearen Schieberegister der Länge 5 erzeugt: **0 0 0 0 1 0 0 0 1 1**. Rekonstruieren sie das Schieberegister.

16. Jemand behauptet, die folgende Folge wäre von einem linearen Schieberegister der Länge 4 erzeugt worden: **0 0 0 0 1 0 0 0**. Kommentieren Sie diese Behauptung.

17. Man gebe sich eine beliebige binäre Folge der Länge 10 vor und versuche, ein lineares Schieberegister der Länge 5 zu berechnen, das diese Folge als (Teil seiner) Outputfolge hat.

18. (a) Konstruieren Sie für ein Schieberegister der Länge 4 eine nichtlineare Rückkopplungsfunktion.
(b) Überprüfen Sie, ob die Outputfolge, die von Ihrem in (a) konstruierten Schieberegister stammt, von einem linearen Schieberegister der Länge 4 erzeugt worden sein könnte.

19. Zeigen Sie, daß das Schieberegister, von dem behauptet wurde, es sei nichtlinear (das letzte Bild von Abschnitt **3.5**) tatsächlich nicht äquivalent zu einem linearen Schieberegister der Länge 4 ist. [Zum Beispiel könnten Sie zeigen, daß die Methode von Mr. X zu einander widersprechenden Gleichungen führt.]

20. Welche der folgenden Rückkopplungsfunktionen beschreiben ein nichtlinear rückgekoppeltes Schieberegister?

$$c_4c_1 + c_3 + 1,$$
$$(c_4+1)c_3 + (c_3+1)c_2 + c_1 + 1,$$
$$(c_4+1)c_3 + (c_3+1)c_2 + c_1,$$
$$(c_4+1)c_3 + (c_4+1)(c_3+1)c_2 + c_1 + 1.$$

21. Gibt es ein Schieberegister der Länge 4, das eine Outputfolge der Periode 16 hat? [Betrachten Sie die Beispiele der vorigen Aufgabe.]

* * *

Zusatzinformation: Wenn man über die Länge des Schlüssel eines kryptographischen Algorithmus spricht, hört man immer wieder der Einwand: „Gut, es mag ja sehr viele Schlüssel geben — aber, *wenn ich Glück habe*, kann ich den Schlüssel doch raten!"

Diese Aussage sollte genau analysiert werden. Zunächst muß ich zugeben, daß der Einwand, in einem theoretischen Sinn, richtig ist. Zum Beispiel ist die Wahrscheinlichkeit, einen 64-Bit Schlüssel richtig zu raten, gleich $1/2^{64}$, eine Zahl, die — darüber kann kein Zweifel bestehen — größer als Null ist.

Um ein Gefühl dafür zu entwickeln, um *wieviel* diese Zahl größer als Null ist, vergleichen wir sie mit anderen Größen. Zunächst rechnen wir die Anzahl der Schlüssel in eine Zehnerpotenz um; es ist

$$2^{64} \approx 1{,}84 \cdot 10^{19}.$$

Mit anderen Worten: Den Schlüssel zu raten, ist gleichwertig dazu, aus einer Menge von mehr als 10^{19} Elementen (das sind 10 Trillionen) ein spezielles Element auf Anhieb zu treffen. Können Sie sich diese Zahl vorstellen? Vielleicht helfen Ihnen die folgenden Vergleiche.

1. Die Weltbevölkerung beträgt derzeit etwa 6 Milliarden, also $6 \cdot 10^9$ Menschen. Da es ungefähr genausoviele Männer wie Frauen gibt, kann man etwa $(3 \cdot 10^9) \cdot (3 \cdot 10^9) = 9 \cdot 10^{18}$ Paare bilden. Das heißt, die Anzahl aller möglichen verschiedengeschlechtlicher Paare (übrigens auch die Anzahl aller gleichgeschlechtlichen Paare) ist kleiner als die Anzahl aller 64-Bit Schlüssel.

2. In einem Tropfen (einem Kubikmillimeter) Wasser gibt es etwa 10^{19} Moleküle. Also ist das Raten des Schlüssels genauso schwierig, wie auf Anhieb ein spezielles Molekül aus einem Tropfen Wasser zu fischen. (Dieser Vergleich wird noch eindrucksvoller, wenn man Schlüssel betrachtet, die aus 80 Bit bestehen. Dann ist das Raten des Schlüssels genauso schwierig, wie ein Molekül aus einem Liter Wasser zu fischen.)

3. Die Anzahl der Möglichkeiten, beim „6 aus 49-Lotto" einen Volltreffer zu erzielen, ist $13.983.816 \approx 10^7$ (die Anzahl der Möglichkeiten, 6 Zahlen aus einer Menge von 49 auszuwählen.) Das bedeutet: Die Chance, einen 64-Bit-Schlüssel zu raten, ist genauso gut, wie im Lotto den ersten Rang zu gewinnen, und zwar in dieser Woche *und* in der nächsten Woche *und* in der übernächsten Woche.

Moral: Wenn Sie durch das Raten eines kryptographischen Schlüssels einen Gewinn von nur ein paar Millionen Mark erwarten, dann ist es ökonomischer, Ihr Geld im Lotto zu verpulvern!

Kapitel 4

Daten mit Denkzettel
oder
Ein Wachhund namens Authentikation

Der König, als er den Haspel auf dem Grund fand, ließ Allerleirauh rufen. Da erblickte er den weißen Finger und sah den Ring, den er im Tanze ihr angesteckt hatte. Da ergriff er sie an der Hand und hielt sie fest, und als sie sich losmachen und fortspringen wollte, tat sich der Pelzmantel ein wenig auf, und das Sternenkleid schimmerte hervor. Der König faßte den Mantel und riß ihn ab. Da kamen die goldenen Haare hervor, und sie stand da in voller Pracht und konnte sich nicht länger verbergen.
(Brüder Grimm, Allerleirauh)

4.1 Motivation

In der ersten Hälfte dieses Buches haben wir Methoden vorgestellt, die gegen einen **passiven Angriff** helfen können; durch Verschlüsselung können Daten für Außenstehende unlesbar gemacht werden. Das Thema dieses Kapitels sind Methoden gegen einen **aktiven Angriff** (siehe Bild 4.1).

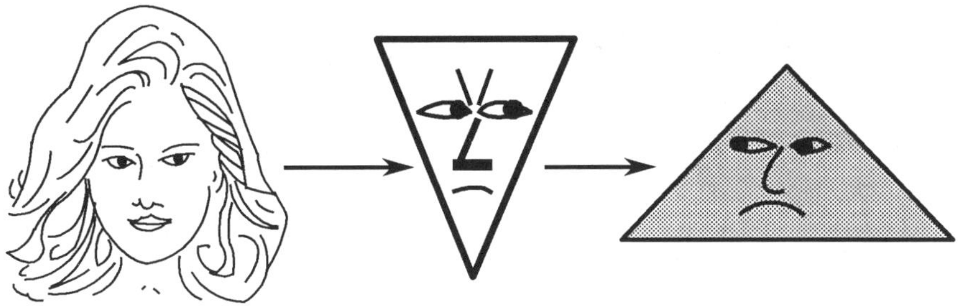

Bild 4.1 Der aktive Angreifer

Es ist klar, daß der Angreifer Mr. X wesentlich größeren Schaden anrichten kann, wenn er Daten nicht nur passiv lesen, sondern sogar aktiv verändern kann. Tatsächlich wird bei den meisten der heutigen Anwendungen der Kryptologie die Authentizität der Daten gefordert und nicht ihre Geheimhaltung. Es ist üblich, drei Typen von Problemen zu unterscheiden, die sich aus verschiedenen Varianten des aktiven Angriffs ergeben. Die entsprechende „Sicherheitsarchitektur" wurde von der *International Standards Organisation* (**ISO**) in dem „Security Addendum zum OSI-Referenz Modell" [ISO] niedergelegt.

Zum einen fragt man danach, ob die Nachricht ohne Veränderung oder Verfälschung übermittelt wurde; es handelt sich um die Forderung nach **Nachrichtenintegrität** (Bild 4.2).

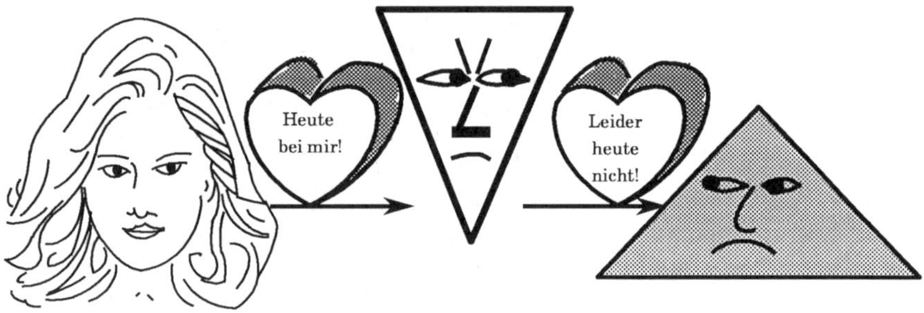

Bild 4.2 Nachrichtenintegrität

Wenn Mr. X in der Lage ist, Nachrichten zu verändern, kann man nur darauf hoffen, daß der Empfänger eine eventuelle Veränderung *bemerkt*. Er muß entscheiden können, ob die Nachricht verändert wurde oder nicht.

Der zweite Typ von Angriff ist dem ersten ähnlich; hier liegt der Akzent auf der Frage, ob der Empfänger sicher sein kann, daß die Nachricht wirklich von der angeblichen Senderin stammt. Sie stellt sich die Frage, ob sie

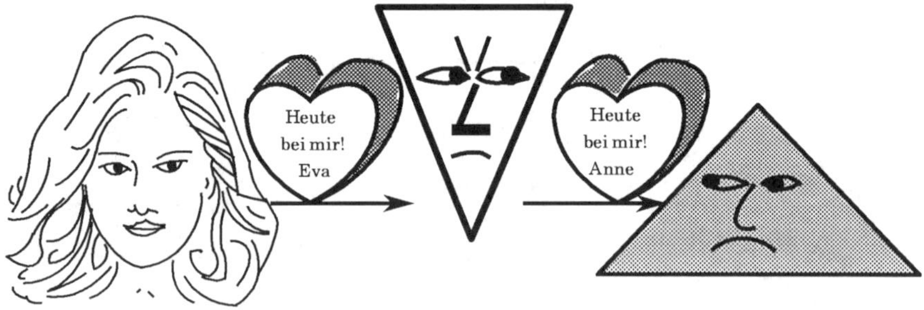

Bild 4.3 Nachrichtenauthentikation

später beweisen kann, die Nachricht wirklich geschickt zu haben oder ob sie dies erfolgreich ableugnen kann. Man spricht von **Nachrichtenauthentikation** (Bild 4.3). Hier ist die Aufgabe, Werkzeuge zu entwickeln, die es dem Empfänger ermöglichen, sich zweifelsfrei davon zu überzeugen, daß die Nachricht von dem angegebenen Absender stammt.

Die letzte Variante ist die **Benutzerauthentikation**: Kann eine Person ihre Identität beweisen? Der Empfänger braucht ein Mittel, um sich davon zu überzeugen, daß er wirklich mit der Person kommuniziert, mit der er verbunden zu sein glaubt (Bild 4.4).

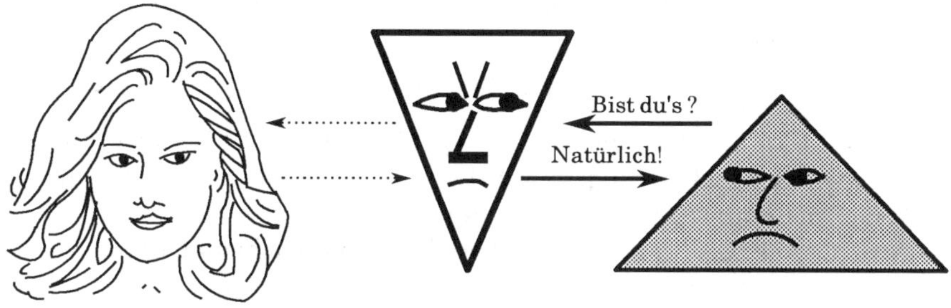

Bild 4.4 Benutzerauthentikation

In diesem Kapitel werden wir verschiedene Methoden zur Lösung dieser Probleme vorstellen. In Abschnitt **4.3** führen wir außerdem die sogenannten Chipkarten ein — ein neues Medium, das ideal ist, um Mechanismen für Integrität und Authentizität zu realisieren.

*

Zuerst illustrieren wir die eingeführten Begriffe und gewisse Lösungsmöglichkeiten an einem Beispiel aus dem wirklichen Leben.

Es waren einmal eine junge Dame und ein junger Herr, die schon lange befreundet waren. Nachdem sie sich jahrelang nur Briefe geschrieben hatten, kam unaufschiebbar die Zeit für ein Rendezvous. Da die beiden sehr diskret waren, hatten sie sich auch niemals ein Bild geschickt; daher wußte keiner, wie der andere aussah. Wie konnten sie sich ohne Verwechselungsgefahr erkennen? Die beiden Verliebten in spe waren nicht auf den Kopf gefallen und verabredeten Identifikationszeichen: *Er* stellte sich (nicht sehr originell) mit einem Blumenstrauß zum Treffpunkt ein, während *sie* sich entschloß (Sie mögen es glauben oder nicht!), ein Mathematikbuch unterm Arm zu tragen. Ihr Treffen verlief ohne jedes Ereignis, das uns interessieren müßte; aber ich kann Ihnen versichern: Es war Liebe auf den ersten Blick.

Wie man sich vorstellen kann, wurden ihre Briefe danach immer intensiver, und beide waren sehr darauf bedacht, daß kein Brief in die Hand von Konkurrenten oder Neidern fiel. Wie konnte er sicher sein, daß die süßen Sätze, die er las, wirklich diejenigen waren, die sie mit ihrer ganzen Liebe und Hingabe ersonnen hatte? Ganz einfach: Sie versah jeden Brief mit einem Tropfen jenes Parfüms, das er so gut kannte. Wie konnte er sicher sein, daß keiner der Neider den Brief geöffnet und den Inhalt geändert hatte, um ihn aufs Glatteis zu führen? Auch in diesem Punkt war er sicher: Sie schrieb nämlich mit Tinte (und nicht nur mit Bleistift), und vor allem war ihre Handschrift so einzigartig schön, daß ihm jeder Fälschungsversuch sofort aufgefallen wäre.

*

In dieser kleinen Geschichte finden wir Techniken für Benutzerauthentizität (geheime Erkennungszeichen), Nachrichtenauthentizität (Parfüm) und Nachrichtenintegrität (Tinte, Handschrift).

Nun aber genug der Romantik; zurück zum wirklichen Leben!

4.2 Integrität und Authentizität

4.2.1 Mac 'n Data

Wir erinnern uns daran, daß es bei Nachrichtenintegrität und -authentizität darum geht, Methoden zu entwickeln, die es dem Empfänger ermöglichen zu entscheiden, ob die Nachricht unversehrt und authentisch bei ihm angekommen ist. Dazu braucht der Empfänger etwas, mit dem er die Nachricht prüfen kann: Er benötigt zusätzliche Information vom Sender. Ein

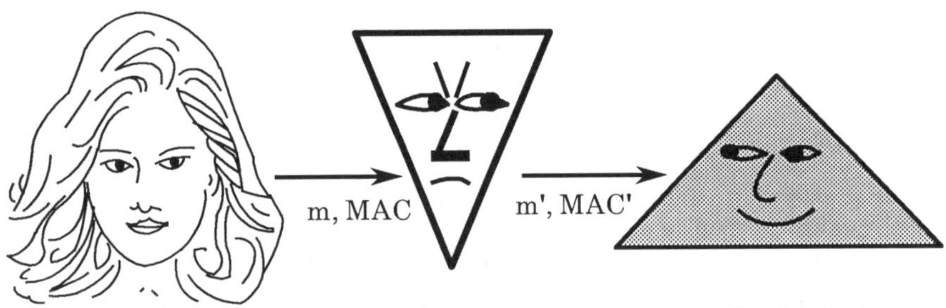

Bild 4.5 MAC-Erzeugung und -Verifizierung

solcher Informationsblock wird **kryptographische Prüfsumme**, **kryptographischer Fingerabdruck** oder **Message-Authentication-Code**, kurz **MAC** genannt. Wir werden den letzteren Ausdruck verwenden. Das Protokoll zur Erzeugung und Verifizierung eines MAC ist in Bild 4.5 zu sehen.

Das Protokoll beruht auf einem geheimen Schlüssel k, der sowohl dem Sender als auch dem Empfänger bekannt ist, und einem kryptographischen Algorithmus A, den wir noch diskutieren werden.

Der Sender schickt nicht nur die nackte Nachricht m, sondern zusätzlich den zugehörigen MAC; dieser wird mit Hilfe des geheimen Schlüssels k durch den Algorithmus A aus der Nachricht m wie folgt berechnet:

$$MAC = A_k(m).$$

Beachten Sie, daß m unverschlüsselt gesendet wird, da das Ziel des Senders nicht ist, die Nachricht zu verheimlichen, sondern sie zu sichern. Wenn zusätzlich Vertraulichkeit erreicht werden soll, müssen m und MAC verschlüsselt werden. Systemseitig werden keine physikalischen Vorkehrungen getroffen, Mr. X davon abzuhalten, m und MAC zu m' und MAC' zu verändern.

Nun kommt der Empfänger an die Reihe. Sein Interesse ist es zu erfahren, ob die empfangene Nachricht mit der gesandten übereinstimmt und ob sie wirklich von dem behaupteten Absender stammt. Um das zu überprüfen, imitiert er die Prozedur des Senders: Er wendet den Algorithmus A mit dem Schlüssel k auf die empfangene Nachricht m' an und überprüft, ob das Ergebnis mit dem erhaltenen Message Authentication Code MAC' übereinstimmt.

Falls $A_k(m') \neq MAC'$ ist, weiß der Empfänger, daß „etwas passiert" ist; demzufolge wird er die Nachricht nicht als authentisch akzeptieren und also ablehnen. Wenn aber $A_k(m') = MAC'$ ist, so kann er ziemlich sicher sein, daß die Nachricht nicht verändert wurde. Natürlich hängt diese Gewißheit in starkem Maße von der Qualität des Algorithmus A und dem Umfang der Menge aller möglichen Schlüssel k ab. Die dem MAC-Mechanismus zugrundeliegenden Vorstellungen sind die folgenden:

- Der Betrug von Mr. X wird verhindert, da er den Schlüssel k nicht kennt: Er müßte nämlich den seiner Nachricht m' entsprechenden MAC berechnen.
- Der Empfänger kann nur *erkennen*, ob die Nachricht unversehrt und authentisch ist; im negativen Fall hat er keine Möglichkeit, die Originalnachricht zu rekonstruieren. Das bedeutet, daß in einem solchen Fall die Nachricht aufs Neue übertragen werden muß.

– Der MAC-Mechanismus ist eine Methode, um Integrität und Authentizität zu erreichen. Wir haben bereits bemerkt, daß Integrität erkannt werden kann. Wenn die Verifikation positiv verläuft, ist der Empfänger auch von der Authentizität der Nachricht überzeugt, da der Sender die einzige andere Instanz ist, die den geheimen Schlüssel k kennt.

*

Frage: Welche Algorithmen A kann man zur MAC-Berechnung verwenden? Die erste Antwort ist einfach: Man benutze einfach einen Verschlüsselungsalgorithmus, wobei MAC der Geheimtext ist, der dem Klartext m entspricht. Wir illustrieren dies mit Hilfe eines Vigenère-Algorithmus in Bild 4.6.

Bild 4.6 Ein einfacher MAC-Algorithmus

Abgesehen davon, daß ein so schwacher Algorithmus nicht empfehlenswert ist, hat dieser Vorschlag den Nachteil, daß die übertragenen Daten doppelt so lang sind wie die „eigentliche Nachricht". Natürlich verlängert jeder MAC die Nachricht, aber man möchte die Länge dieses Zusatzblocks doch innerhalb vernünftiger Grenzen halten.

In der Praxis verwendet man zur MAC-Berechnung auch einen Verschlüsselungsalgorithmus, aber nicht direkt, sondern im sogenannten **Cipher-Block-Chaining-Modus**.

Stellen wir uns einen Verschlüsselungsalgorithmus f vor, der Klartextblöcke von n Zeichen unter einem Schlüssel k auf Geheimtextblöcke von ebenfalls n Zeichen abbildet. (Eine typische Zahl ist $n = 64$ Bit.) Um den MAC zu berechnen, wird die Nachricht m in Blöcke $m_1, m_2, \ldots, m_s$ der Länge n aufgeteilt. Dann wendet man f auf m_1 und erhält den ersten Geheimtextblock $c_1 = f_k(m_1)$. Es geht nun aber nicht so weiter, wie man zunächst denken könnte, sondern bevor man f auf m_2 anwendet, wird c_1 zu m_2 addiert, und dann $c_2 = f_k(c_1 \oplus m_2)$ berechnet. (Das Symbol

$\oplus$ bezeichnet die Addition modulo 2. Das heißt, das erste Bit von c_1 wird zum ersten Bit von m_2 addiert, wobei die Regel $1 \oplus 1 = 0$ zu beachten ist. Dann werden die zweiten Bits addiert, usw.) Im dritten Schritt wird $c_3 = f_k(c_2 \oplus m_3)$ berechnet, und so weiter (siehe Bild 4.7).

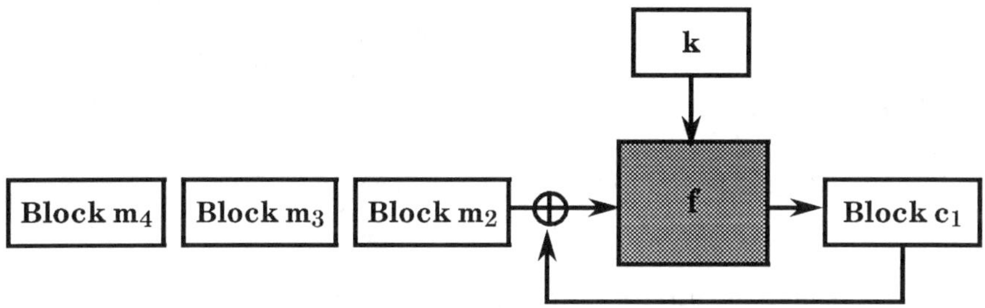

Bild 4.7 MAC mittels des Cipher-Block-Chaining-Modus

Der letzte Output $c_s = f_k(c_{s-1} \oplus m_s)$ wird dann als MAC genommen. Ein so berechneter MAC hat die folgenden Vorteile:
- Der MAC hat eine feste Länge n unabhängig von der Länge der Nachricht.
- Der MAC hängt von allen Blöcken der Nachricht ab.

Da alle möglichen Nachrichten auf einen MAC fester Länge komprimiert werden, haben viele Nachrichten denselben MAC. Dies stellt kein Problem für den Empfänger dar, da dieser die Originalnachricht nicht aus dem MAC rekonstruieren muß.

Nicht jeder Algorithmus ist geeignet, Mr. X vor unüberwindliche Probleme zu stellen. Ein Algorithmus zur MAC-Berechnung sollte die folgenden Eigenschaften haben.

(1) Es sollte praktisch unmöglich sein, zu einem gegebenen MAC eine passende Nachricht m zu finden. (Wenn diese Eigenschaft gilt, nennt man den Algorithmus eine **Einweg-Hashfunktion**.) „Praktisch unmöglich" bedeutet, daß mit heutigen Methoden und heutigen Rechnern die Lösung des Problems viel zu lange (etwa einige Jahrhunderte) dauern würde.

(2) Es sollte praktisch unmöglich sein, zwei verschiedene Nachrichten m und m' zu finden, die denselben MAC haben. (Eine Einweg-Hashfunktion, die die Bedingung (2) erfüllt, wird **kollisionsfrei** genannt.)

Der DES-Algorithmus, den wir in Kapitel 1 erwähnt haben, erfüllt die Kriterien (1) und (2) in hinreichend gutem Maße; jedenfalls wird er im Cipher-Block-Chaining-Modus allgemein zur MAC-Berechnung benutzt.

4.2.2 Benutzerauthentikation

Eine Grundaufgabe der Sicherheitstechnik ist es, Personen verläßlich zu identifizieren, das heißt zu authentifizieren. Früher war das ausschließlich ein Prozeß zwischen zwei Menschen, der heute zu einem Prozeß zwischen Mensch und Rechner erweitert ist. Hierbei gibt es natürlich Probleme; aber wir werden sehen, daß auch mit einem Rechner eine sehr gute Benutzerauthentikation möglich ist. Zunächst erinnern wir daran, wie das Problem im zwischenmenschlichen Bereich gelöst wird. Grundsätzlich kann man einen Menschen an folgenden Merkmalen erkennen:

- Eine Person kann durch charakteristische *Eigenschaften* identifiziert werden.
- Eine Person kann durch *Besitz* identifiziert werden.
- Eine Person kann durch *Wissen* identifiziert werden.

Der erste Mechanismus wird im täglichen Leben so häufig verwendet, daß er uns fast nicht bewußt ist: Wir erkennen unsere Bekannten an ihrem Aussehen, ihrer Stimme, ihrem Gang, usw. In gewissen Situationen (in die *unsere* Freunde natürlich nie geraten) werden Fingerabdrücke zur verläßlichen Identifizierung herangezogen. Die beiden anderen Methoden werden nur in speziellen Situationen benutzt. Beim Grenzübergang muß man sich mit einem Ausweis identifizieren; wenn man mit Kreditkarte bezahlt, wird die Identität auch durch den Besitz der Kreditkarte bewiesen, usw. Identifizierung durch Wissen geschieht nur ganz selten — obwohl der Mechanismus schon aus ältesten Zeiten bekannt ist (vergleiche im Alten Testament *Richter 12, Vers 6*). Soldaten müssen die aktuelle Parole kennen, um sich zu identifizieren. Ein anderes Beispiel ist das folgende: Wenn die Polizei wissen möchte, ob eine entführte Person noch am Leben ist, stellt sie Fragen, die nur diese Person beantworten kann.

Bei einem Authentikationsprozeß zwischen einem Menschen und einem Rechner ist die Lage ganz anders. Authentikation durch Wissen ist der am einfachsten zu realisierende Mechanismus; Authentikation durch Besitz ist ebenfalls möglich. Im Gegensatz dazu ist Authentikation durch Eigenschaften ziemlich komplex und wird wohl bis auf weiteres nur bei Anwendungen, die extrem hohe Sicherheit fordern, eingesetzt werden. Daher werden wir uns ausschließlich mit Methoden beschäftigen, die auf Wissen oder auf Besitz der sich authentifizierenden Person aufbauen. Bei diesen Methoden hat ein Benutzer ein Geheimnis, und der Rechner will sich davon überzeugen, daß die Person das ihr entsprechende Geheimnis hat.

Paßwörter

Die klassische Methode, mit der sich eine Person gegenüber einer Maschine authentifiziert, beruht auf Paßwörtern. Ein **Paßwort** ist eine beliebige Folge von Zeichen, üblicherweise Buchstaben, Ziffern und Sonderzeichen, die das exklusive gemeinsame Geheimnis einer Person und des Rechners ist. Das heißt: Im Idealfall (der in der Praxis leider viel zu selten auftritt) kennen nur der Rechner und der jeweilige Benutzer das Paßwort.

Die zugrundeliegende Idee ist einfach: Der Rechner hat ein „Referenzpaßwort" P_0 gespeichert, das dem Benutzer bekannt ist. Wenn der Benutzer sich authentifizieren will (zum Beispiel beim Rechnerzugang), tippt er sein Paßwort P ein, und der Rechner überprüft, ob P und P_0 übereinstimmen. Der Benutzer wird zugelassen, wenn $P = P_0$ ist (siehe Bild 4.8).

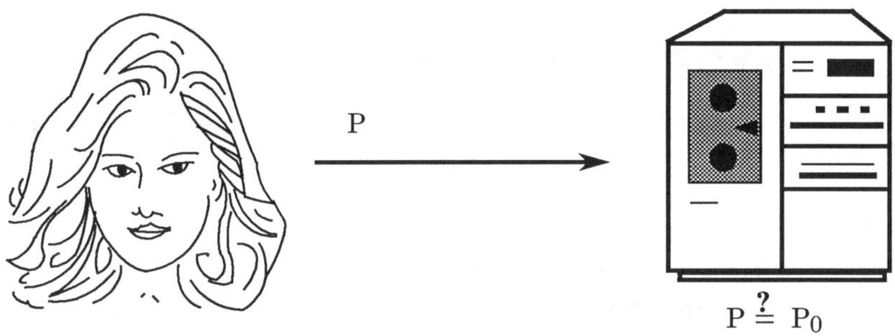

Bild 4.8 Der naive Paßwortmechanismus

Es gibt viele, viele Probleme im Zusammenhang mit Paßwörtern, insbesondere solche, die mit dem schlechten Umgang mit Paßwörtern zusammenhängen. Wir werden uns hier nur solchen Problemen zuwenden, die mit kryptologischen Mitteln gelöst werden können. Das sind Probleme, die die Speicherung der Paßwörter betreffen.

Wenn Mr. X lesenden Zugriff auf die Paßwortdatei hat (oder sich diesen verschafft), kann er alle Paßwörter lesen und damit in die Rolle eines jeden Benutzers schlüpfen. Die oben beschriebene Prozedur ist also nur dann sicher, wenn die Paßwortdatei unauslesbar gespeichert wird — eine Forderung, die jeder Systemprogrammierer als unrealisierbar ablehnen wird. Als Rezept kommt jedem, der das Buch bis hierher gelesen hat, *Verschlüsselung der Paßwörter* in den Sinn. Wenn man dies „naiv" macht, wird man ein Protokoll vorschlagen, wie es in Bild 4.9 zu sehen ist. Der Rechner speichert die verschlüsselten Paßwörter $P^* = f_k(P_0)$; bei der Authentikation wird P* entschlüsselt und mit dem vom Benutzer eingetippten Paßwort verglichen.

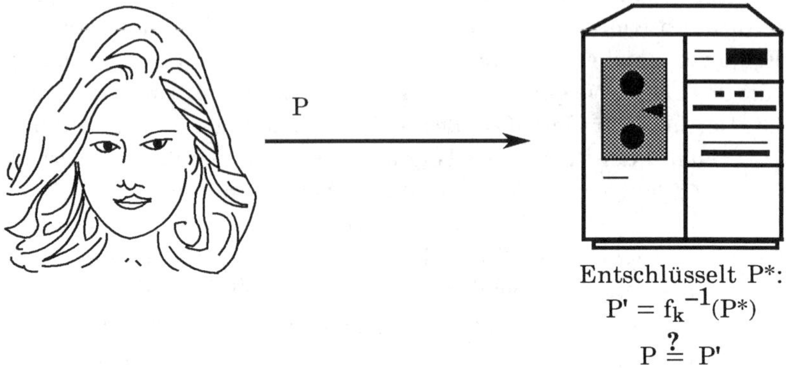

Bild 4.9 Ein Paßwortmechanismus mit Verschlüsselung

Diese Prozedur hat einen klaren Vorteil. Selbst wenn Mr. X die Paßwortdatei lesen kann, kann er nur die verschlüsselten Paßwörter lesen. Da er aber nicht in der Lage ist, diese zu entschlüsseln, kann er auch nicht die einzelnen Benutzer durch Eingabe der korrekten Paßwörter simulieren.

Ist dieses Argument richtig? Natürlich hat man die Menge der geheimen Daten erheblich reduziert; anstelle einer unbegrenzten Anzahl geheim zu speichernder Paßwörter muß man im Verschlüsselungsmodell nur den Schlüssel k geheim speichern. Dies ist zweifellos ein großer Fortschritt, aber keine prinzipielle Lösung des Problems: Wenn sich Mr. X nämlich den Schlüssel k verschafft, kann er alle Paßwörter entschlüsseln und hat nach wie vor die Möglichkeit, falsche Identitäten vorzuspiegeln. (Fragen Sie einen Systemkenner, wie schwierig (?) es ist, Daten auszulesen, die nur in Software gespeichert sind.)

Nach einer solchen Analyse wagt sich ein Entwickler eines Paßwortsystems wahrscheinlich nicht mehr, folgenden Traum zu äußern: Er träumt von einer Funktion, die Paßwörter „verschlüsselt" — aber ohne dazu einen geheimen Schlüssel zu benötigen. Das hört sich utopisch an, aber unserem Manne kann geholfen werden. Dafür benötigt man sogenannte **Einwegfunktionen**. Dies sind Funktionen, die „Klartexte" in „Geheimtexte" transformieren, aber nicht invertiert werden können. Mit anderen Worten: Eine Einwegfunktion ist eine umkehrbare Funktion mit der (unglaublichen!) Eigenschaft, daß es zu jedem gegebenen „Geheimtext" nur mit unvorstellbar großem Aufwand möglich ist, sein Urbild zu berechnen.

Sie werden kaum glauben, daß die Welt von Einwegfunktionen nur so wimmelt (siehe Übungsaufgaben **2**, **3** und **4**). Tatsächlich sind die meisten zeitabhängigen Vorgänge Einwegfunktionen; solche Vorgänge können in einer Richtung äußerst leicht durchgeführt werden, sind aber praktisch nicht umkehrbar: Sie werden zweifellos schon festgestellt haben, daß die Menschen in Ihrem Bekanntenkreis immer älter werden, aber keiner jünger.

Es ist deutlich schwieriger, mathematische Einwegfunktionen zu erfinden. Ein Beispiel ist das folgende: Sei F ein Verschlüsselungsalgorithmus, der einen Klartext m unter dem Schlüssel k auf den Geheimtext $c = F_k(m)$ abbildet. Wir werden diese Funktion nur ein winziges bißchen verändern. Dazu legen wir einen (nicht geheimen) „Klartext" m_0 (etwa $m_0 = 00...0$) fest; dieser geht zwar in den Algorithmus an Stelle des Klartextes ein, spielt aber nicht die Rolle eines variablen Klartexts. Der variable Klartext m wird dem Algorithmus F an Stelle des Schlüssels eingegeben. In kurzen Worten heißt dies: Wir betrachten die Funktion

$$f: m \to c = F_m(m_0).$$

Behauptung: f ist eine Einwegfunktion. Stellen wir uns vor, daß Mr. X sowohl m_0 als auch c kennt und m finden möchte. In der Sprache des Verschlüsselungsalgorithmus F kann man das so ausdrücken: Mr. X kennt das zusammengehörige Klartext-Geheimtextpaar (m_0,c) und möchte den Schlüssel m berechnen. Falls der Algorithmus F kryptologisch sicher ist, ist er resistent gegen diesen known-plaintext Angriff, und daher ist f eine Einwegfunktion.

Frage: Kann man *mathematisch beweisen*, daß die Funktion f eine Einwegfunktion ist? Antwort: Nein! . . . und die Wahrheit ist noch viel schlimmer! Die Mathematiker konnten nämlich noch von keiner einzigen Funktion stringent nachweisen, daß sie eine Einwegfunktion ist. Das heißt: Man kennt keine Funktion, deren Funktionswerte in polynomialer Zeit berechnet werden können, bei der aber das Invertieren exponentiellem Aufwand benötigt. Im Klartext: Wir wissen nicht, ob es theoretisch Einwegfunktionen gibt (vergleiche hierzu [BDG88], Kapitel 3). Für praktische Zwecke haben aber Funktionen wie die oben beschriebene hinreichend gute Einwegeigenschaften.

Nun setzen wir eine Einwegfunktion für die vorher angesprochene Paßwortspeicherung ein. Sei dazu f eine beliebige Einwegfunktion, f muß nicht notwendig wie im obigen Beispiel konstruiert worden sein. Im Speicher des Rechners wird der Wert $P\# = f(P_0)$ gespeichert. Während einer Authentikationsprozedur wird f auf die Zeichenfolge P angewandt, die der Benutzer eingetippt hat. Anschließend überprüft der Rechner, ob f(P) = P# ist oder nicht (siehe Bild 4.10).

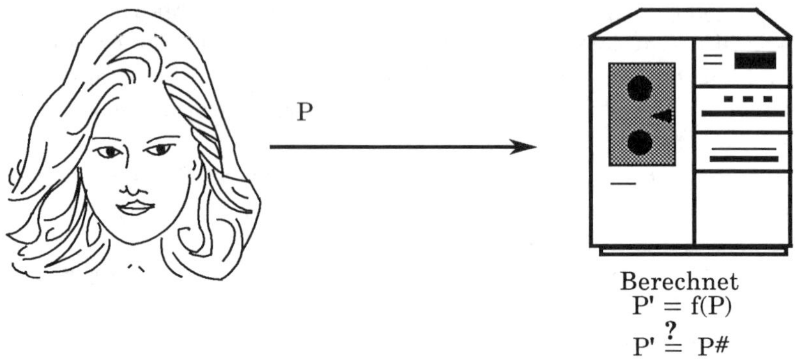

Bild 4.10 Ein Paßwortmechanismus mit einer Einwegfunktion

Der Vorteil dieser Methode ist offensichtlich: Die Paßwortdatei ist unentschlüsselbar, und es gibt kein Geheimnis. Es ist bemerkenswert, daß Einwegfunktionen genau dafür erfunden wurden, um Paßwörtern unauslesbar zu speichern; diese Methode wurde in den sechziger Jahren von Roger **Needham** von der Universität Cambridge vorgeschlagen und realisiert (vergleiche hierzu [Dif88]).

Bemerkung. Natürlich schützt eine solche Prozedur nicht gegen schlecht gewählte Paßwörter. Mr. X kann nämlich einen „chosen password"-Angriff versuchen: Wenn er eine Liste mit den am häufigsten verwendeten Paßwörtern (Mädchennamen, Telefonnummern, Geburtsdaten, . . .) hat, so kann er f auf diese populären Paßwörter anwenden und die Ergebnisse mit den Einträgen in der Paßwortdatei vergleichen. Damit kann er die Rechte all derjenigen Benutzer erringen, die eines der populären Paßwörter verwenden. (Vergleiche Übungsaufgabe **9**.) Empirische Untersuchungen zeigen, daß Mr. X auf diese Art und Weise einen erheblichen Prozentsatz aller Paßwörter knacken kann — aber nicht Ihres; denn Sie haben sich sicherheitsbewußt ein komplexes, schwierig zu erratendes Paßwort gewählt!

Authentikation mit Chipkarten

Kein Paßwortsystem genügt extrem hohen Sicherheitsanforderungen. Das liegt ganz einfach daran, daß Menschen nicht für Paßwörter gemacht zu sein scheinen; damit ein Paßwort im Gedächtnis gespeichert werden kann (und nicht aufgeschrieben werden muß), muß es kurz und übersichtlich sein. Außerdem sind Paßwörter eine statische Authentikationsmethode. Natürlich kann der Rechner die Benutzer zwingen, ihre Paßwörter regelmäßig, beispielsweise jeden Monat, zu wechseln. Dies ist aber nur ein kleiner Fortschritt: Das gleiche Paßwort wird immer noch mehrere Male verwendet. Warum ist dies ein Problem? Nun, Mr. X hört einmal die Übertragung des Paßworts ab, dann kennt er es und kann sich von da an als ein anderer Benutzer maskieren.

Um dieses Problem zu lösen, müssen sich die Daten, die zwischen dem Rechner und dem Benutzer ausgetauscht werden, ständig ändern — jedesmal eine neue Frage und eine neue Antwort. Es ist klar, daß die Antwort des Benutzers so gestaltet sein muß, daß kein anderer diese Antwort geben kann. Das bedeutet, daß die Reaktion des Benutzers auf die Frage von einem Geheimnis abhängen muß, da sonst auch Mr. X die Antwort geben könnte. Ein entsprechendes Protokoll nach der Methode **Challenge-and-Response** läuft so ab, wie in Bild 4.11 dargestellt ist.

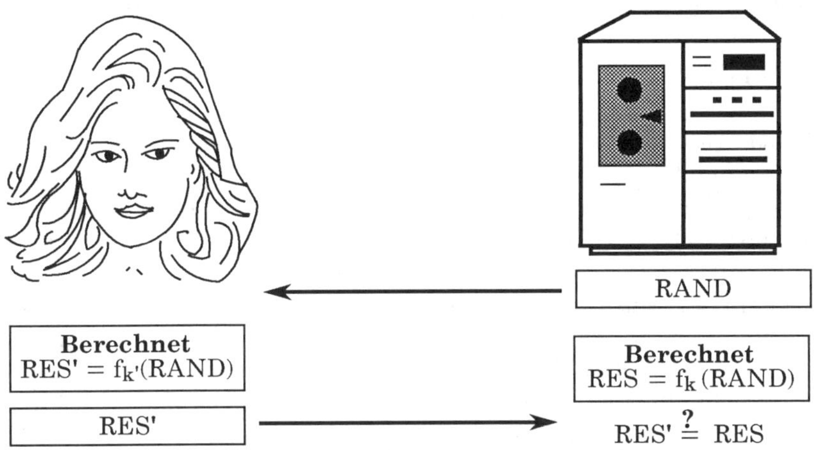

Bild 4.11 Challenge and response

Sowohl der Rechner wie der Benutzer verfügen über eine Einwegfunktion f und einen gemeinsamen geheimen Schlüssel k.

Der Rechner erhält vom Benutzer die Identifikationsdaten; in unserem Fall etwa den Namen der Benutzerin A. Daraufhin verschafft sich der Rechner den zu dem Namen gehörigen Schlüssel k. (Der Schlüssel k kann in einer Liste stehen, von einem systemeinheitlichen „Globalschlüssel" abgeleitet oder durch eine ähnliche Prozedur bereitgestellt werden.)

Der Rechner muß sich davon überzeugen, daß der sich authentifizieren wollende Benutzer wirklich die Benutzerin A ist — und nicht etwa der hinterlistige Mr. X. Wenn der Benutzer nachweisen kann, daß er den richtigen Schlüssel k hat, so wird er als authentisch anerkannt. Das heißt: Es gilt dann als bewiesen, daß es sich wirklich um die Benutzerin A handelt. Das Ziel des Rechners in der im folgenden beschriebenen Authentikationsprozedur ist, sich „indirekt" davon zu überzeugen, daß der Benutzer im Besitz des Schlüssels k ist. In der Beschreibung des Protokolls bezeichnen wir zur Vorsicht den Schlüssel, der im Besitz des Benutzers (der Mr. X sein könnte!) ist, mit k'. Der Rechner muß sich also überzeugen, ob k' = k ist oder nicht.

Dazu stellt der Rechner dem Benutzer eine Frage, indem er ihm die zufällig ausgewählte Zahl RAND schickt, die dieser kein bißchen besser vorhersagen kann als Mr. X es könnte. Dann berechnet der Benutzer die **Antwort** (Response) RES' = $f_{k'}$(RAND) und sendet diesen an den Rechner. Gleichzeitig bildet der Rechner den Wert RES = f_k(RAND) und überprüft dann, ob RES' = RES ist. Wenn nicht, dann „stimmt etwas nicht"; andernfalls hat der Benutzer mit hoher Wahrscheinlichkeit den gleichen Schlüssel wie der Rechner benutzt. Folglich wird er als authentisch akzeptiert.

Diese Prozedur hat zwei Vorteile und zwei Nachteile. Lassen Sie uns mit den guten Nachrichten beginnen: Da die Zahl RAND zufällig gewählt wird, verändert sie sich von Mal zu Mal, und Mr. X hat keinerlei Chance, die jeweils nächste RAND vorherzusagen. Auch RES hat den Charakter einer Zufallszahl, so daß Mr. X nie die richtige Antwort auf eine Frage geben kann. Ebenso wichtig ist die Tatsache, daß durch das Protokoll zwar nachgewiesen wird, daß die beiden Schlüssel gleich sind, die Schlüssel selbst aber innerhalb des Protokolls niemals ausgetauscht werden.

Die Nachteile des Challenge-and-Response-Protokolls sind zwar 'klein', aber dürfen weder theoretisch noch praktisch vernachlässigt werden. Beachten Sie, daß der Rechner die geheimen Schlüssel der Benutzer besitzt. Daher ist es dem Rechner möglich, sich gegenüber anderen Instanzen (oder gegenüber sich selbst) als Benutzer auszugeben. Mit anderen Worten: Eine Voraussetzung für die Anwendung von challenge and response ist, daß die Benutzer der Integrität des Authentikationsrechners vertrauen. Sie glauben wahrscheinlich, daß man ein solches Problem nicht mit kryptographischen Mitteln lösen kann; wir werden aber in Abschnitt **4.2.3** und in Kapitel 5 höchst elegante Lösungen für dieses Problem kennenlernen.

Der andere Nachteil besteht darin, daß die Senderin A den Algorithmus f ausführen muß. Nun können Frauen zweifellos viel mehr, als unsere Schulweisheit sich träumen läßt, aber einen kryptographischen Algorithmus auszuführen, übersteigt doch das Können jedes menschlichen Wesens; diese Dinge sollte man wirklich einem elektronischen Diener überlassen. Ein solcher Diener kann beispielsweise eine sogenannte „Chipkarte" sein; diese werden wir in Abschnitt **4.3** behandeln. Eine bessere Vorstellung des Protokolls bietet daher Bild 4.12.

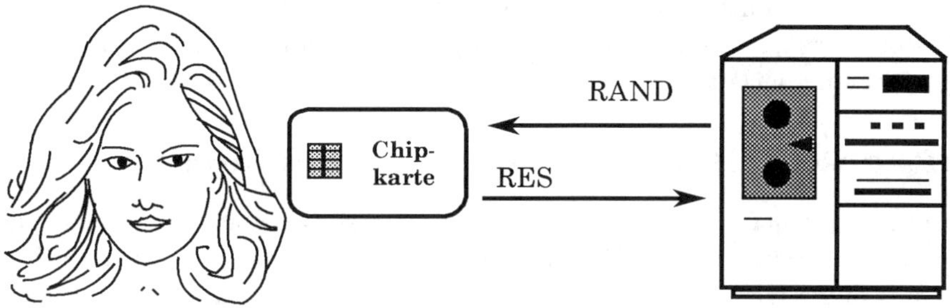

Bild 4.12 Challenge and response mit einer Chipkarte

Toll! Hier werden Rechner genau dafür eingesetzt, wofür sie da sind: Um für uns etwas zu berechnen. Gibt's dabei ein Problem? Nun — wie weiß die Chipkarte, daß sie der speziellen Benutzerin A gehört? Genauer gefragt: Wie kann sich die Chipkarte davon überzeugen, daß in einem speziellen Augenblick ihr authentischer Benutzer (und nicht Mr. X, der die Karte gestohlen haben könnte) sie benutzen will? Antwort: Die Chipkarte verlangt vom Benutzer, daß er sich ihr gegenüber authentifiziert. Genaueres werden Sie in Abschnitt **4.3** erfahren.

4.2.3 Zero-Knowledge-Protokolle

Ich beginne mit einer persönlichen Erfahrung. Als ich eines Abends von der Arbeit nach Hause kam, fragte ich meine Tochter Maria: „Hast du deine Hausaufgaben gemacht?" Sie antwortete spontan „Natürlich, aber ich zeige sie dir nicht!" Auf meine offensichtliche Frage erwiderte sie „Keine Angst, es ist alles richtig." „Das ist nicht mein Problem", mußte ich zugeben, „ich möchte mich nur davon überzeugen, daß du deine Hausaufgaben gemacht hast." Jetzt wurde Maria verständlicherweise ärgerlich: „Ich werde dir meine Hausaufgaben nicht zeigen. Du mußt mir eben glauben, daß ich sie gemacht habe!" — Und natürlich mußte ich.

Offenbar ist dies ein unauflösliches Dilemma: Maria kann mich unmöglich von ihrem Geheimnis überzeugen, ohne es mir zu zeigen. Oder . . . ?

Das ist die Frage – und die Antwort ist „doch"! Das ist kaum zu glauben, aber es gibt Prozeduren, die es Maria (oder ihren elektronischen Helfershelfern) erlauben, mich davon zu überzeugen, daß sie ein gewisses Geheimnis hat, ohne mir auch nur das Geringste über das Geheimnis zu verraten. Solche Protokolle heißen völlig zu Recht **Zero-Knowledge-Protokolle**.

Die nächsten beiden Abschnitte haben zum Ziel, Sie zu überreden, an die Existenz von Zero-Knowledge-Protokollen zu glauben. Das erste ist ein historisches Beispiel, das zweite ein Spiel, das dann zu den „richtigen" Algorithmen überleitet.

Historisches Beispiel: Das Geheimnis des Tartaglia

Das Lösen von Gleichungen war in der gesamten Geschichte der Mathematik ein äußerst wichtiges Problem. Schon früh war bekannt, wie man **lineare** Gleichungen löst; zum Beispiel hat die Gleichung $3x + 5 = 7$ die Lösung $x = 2/3$. (Wir werden durchweg die moderne Schreibweise benutzen.) Im Mittelalter wurden Verfahren zur Lösung von **quadratischen** Gleichungen, also Gleichungen der Form $ax^2+bx+c = 0$, entwickelt. Bereits in der ersten Hälfte des neunten Jahrhunderts beschrieb der berühmte arabische Mathematiker Muhammad ibn Musa **Al-Khwarizmi** in seinem Buch *Hisab al-jabr w'al-umqabala* die Lösung, an die Sie sich sicherlich noch (vielleicht mit gemischten Gefühlen) aus dem Mathematikunterricht der Mittelstufe erinnern:

$$x = \frac{-b \pm \sqrt{(b^2-4ac)}}{2a}.$$

Eine **kubische** Gleichung, also eine Gleichung der Form $ax^3 + bx^2 + cx + d = 0$, zu lösen, ist wesentlich kniffliger, und die Entdeckung dauerte entsprechend lange. Wir stellen hier nur ein Kapitel der langen Geschichte dar. Der venezianische Rechenmeister Niccolò **Tartaglia** (der „Stotterer"), der von ca. 1499 bis 1557 lebte, entdeckte nach seinen eigenen Angaben im Jahre 1535 die Methode zur Lösung der kubischen Gleichung. Er verkündete seine Entdeckung öffentlich, behielt aber die Formel streng geheim. Im Gegensatz zu meinem Problem mit Maria war Tartaglia allerdings in der Lage, seine Zweifler davon zu überzeugen, daß er das Geheimnis zur Lösung kubischer Gleichungen wirklich besaß. Er ließ sich einfach kubische Gleichungen geben; und wenn er nach einer Weile die Lösung präsentierte, konnte sich jeder ohne Schwierigkeiten davon überzeugen, daß die Lösung korrekt war.

Stellen wir uns vor, jemand hätte Tartaglia die Gleichung

$$x^3 + 1/2 \cdot x^2 - 13/2 \cdot x + 3 = 0$$

vorgelegt und Tartaglia hätte nach einiger Zeit geantwortet: Die Lösungen sind 2, –3 und 1/2. Dann hätte sich jeder überzeugen können, daß Tartaglia recht hat, indem er einfach überprüfte, ob

$$(x-2) \cdot (x+3) \cdot (x-1/2) = x^3 + 1/2 \cdot x^2 - 13/2 \cdot x + 3$$

gilt. Obwohl seine Konkurrenten sich außerordentlich anstrengten, kamen sie nicht hinter Tartaglias Geheimnis. Schließlich überredete Geronimo **Cardano** (1501 bis 1576) den armen Tartaglia, ihm die Formel zu zeigen; er werde sie, so schwur er, absolut geheim halten. Es kam, wie es kommen mußte: In seinem Buch *Ars Magna* (1545) veröffentlichte Cardano Tartaglias Formel; Cardano schrieb ehrlicherweise auch, daß diese Formel auf Tartaglia zurückgehe. Dennoch ist es eine Ironie der Geschichte, daß heute die Formel zur Lösung kubischer Gleichungen die **Cardanosche Formel** heißt.

Natürlich könnte man noch viel darüber erzählen. Ich empfehle jedem, sich das Vergnügen zu gönnen, diese „außergewöhnliche und bizarre" Geschichte in einem Buch über Geschichte der Mathematik nachzulesen (etwa [Str56] oder [WA75].)

Für uns ist vor allem die bemerkenswerte Tatsache wichtig, daß Tartaglia ein Geheimnis hatte (nämlich die Methode zur Lösung kubischer Gleichungen), das er geheim halten konnte, von dessen Existenz er aber auch andere überzeugen konnte.

Das Quadratwurzelspiel

Ich weiß eine Zahl s, die du nicht weißt, und die ist so, daß ihr Quadrat MOD 55 gleich 34 ist! Ich möchte dich davon überzeugen, daß ich diese Zahl kenne — und zwar ohne daß ich dir den Spaß an Übungsaufgabe **5** verderbe. Deswegen wähle ich zufällig eine Zahl r, quadriere sie MOD 55, erhalte r^2 MOD 55 = 26 und schicke dir diese Zahl.

Jetzt kommst du dran. Du wirfst eine Münze; wenn sie Kopf zeigt, willst du von mir $r \cdot s$ MOD 55, andernfalls einfach r.

Angenommen, die Münze zeigt Kopf. Dann sage ich $r \cdot s$ MOD 55 = 53, und du kannst nun einfach überprüfen, daß tatsächlich

$$53^2 \text{ MOD } 55 = 4 = (26 \cdot 34) \text{ MOD } 55 = (r^2 \cdot s^2) \text{ MOD } 55$$

gilt (siehe Bild 4.13). Beachte, daß es genauso schwierig ist, s zu finden, wenn du r^2 MOD 55 und $(r \cdot s)$ MOD 55 kennst, wie ohne diese Kenntnis. Andererseits darf r nicht völlig zufällig gewählt werden; zum Beispiel sollte r größer als $\sqrt{55}$ sein. (Denn wenn du r aus r^2 finden könntest, könntest du auch ganz einfach $s = (53/r) \text{ MOD } 55$ berechnen; siehe **5.3.2.2** und Übungsaufgabe **6** aus Kapitel 5).

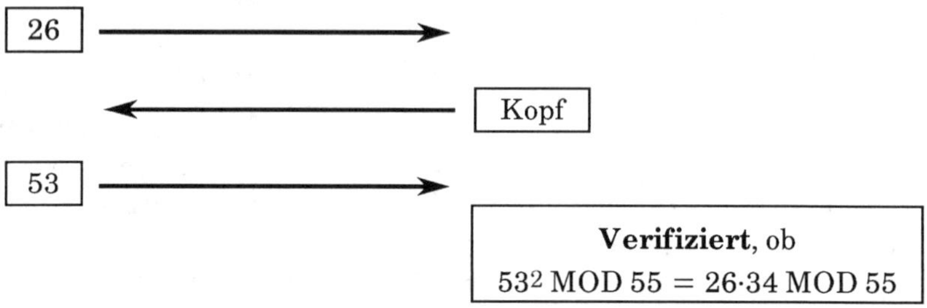

Bild 4.13 Das Quadratwurzelspiel

Sollen wir noch eine Runde spielen? Ich sage $r^2 \text{ MOD } 55 = 14$. Du wirfst die Münze, erhältst „Zahl", und ich muß zugeben, daß $r = 17$ ist. Jetzt kannst du leicht überprüfen, daß ich nicht gemogelt habe, denn es ist $17^2 = 289$ und $289 \text{ MOD } 55 = 14$.

Würde ich dich betrügen? Ehrlich gesagt ja — wenn du es nicht entdecken würdest. Aber bei diesem Quadratwurzelspiel wird jeder Betrug *irgendwann einmal* offenbar! Stellen wir uns vor, ich hätte gemogelt und würde s gar nicht kennen. Wenn ich wüßte, daß deine Münze „Zahl" zeigt, dann hätte ich keine Probleme, dir r zu geben (das ich natürlich kenne, weil ich es ja gewählt habe). Allerdings wüßte ich nicht, was ich tun sollte, wenn du $(r \cdot s) \text{ MOD } 55$ wissen willst!

Wenn ich andererseits wüßte, daß deine Münze „Kopf" zeigt, käme ich auch zurecht. Ich würde eben mein r^2 entsprechend präparieren: Zunächst wähle ich eine Zahl, von der ich weiß, daß sie MOD 55 ein Quadrat ist, etwa $2^2 = 4$, und würde dann

$$r^2 := (4/s^2) \text{ MOD } 55 = (4/34) \text{ MOD } 55 = 26$$

wählen. Wenn du jetzt $(r \cdot s) \text{ MOD } 55$ wissen willst, sage ich einfach 2, und — wer hätte es gedacht! — du kannst dich überzeugen, daß gilt:

$$2^2 = 26 \cdot 34 \text{ MOD } 55 = (4/34) \cdot 34 \text{ MOD } 55.$$

Wenn ich mich aber täusche und deine Münze „Zahl" zeigt und ich dir also r geben müßte, flöge mein Betrug sofort auf.

Ich kann also solange betrügen, wie ich das Ergebnis des Münzwurfs vorhersagen kann. Das heißt, daß ich in jeder Runde eine Chance von 50% habe, erfolgreich zu betrügen. Um dich also wirklich zu überzeugen, daß ich das richtige s habe, müssen wir das Spiel über viele Runden spielen.

Wenn ich s kenne, gebe ich dir jedesmal die richtige Antwort. Wenn ich aber s nicht kenne, muß ich deine Frage jedesmal vorhersehen. In jeder Runde kann ich das nur mit Wahrscheinlichkeit 1/2 machen; in zwei Runden mit Wahrscheinlichkeit $1/2 \cdot 1/2 = 1/4$; die Wahrscheinlichkeit, die Münzwürfe für t Runden richtig vorherzusagen, ist $1/2^t$.

Dies ist natürlich nur ein Spiel. Es ist nämlich nicht allzu schwer, Quadratwurzeln MOD 55 zu finden; dies ist sogar so leicht, daß ich das als Übungsaufgabe stellen kann (Übungsaufgabe **5**). Dieses Spiel zeigt jedoch die entscheidenden Eigenschaften der echten Zero-Knowledge-Protokolle, die wir demnächst behandeln werden:

- Das Protokoll ist **interaktiv**; beide Partner machen Zufallswahlen. (*Ich* wähle die Zufallszahl r, *du* entscheidest dich, ob du $r \cdot s$ oder r haben möchtest.)
- Die Wahrscheinlichkeit für einen erfolgreichen Betrug meinerseits hängt von der Anzahl der gespielten Runden ab. Bei jeder Runde wird diese Wahrscheinlichkeit halbiert.

Nun kommen wir zu den echten Protokollen.

Das Fiat-Shamir-Protokoll

Im Jahre 1986 stellten die israelischen Mathematiker Adi **Shamir** (den wir schon in Kapitel 1 erwähnt haben und der uns in Kapitel 5 nochmals begegnen wird) und Amos **Fiat** ein Protokoll vor, das eine neue Dimension bei der Benutzerauthentikation eröffnet hat. Genau betrachtet handelt es sich um eine Rechner-Rechner Authentikation, wobei einer der Rechner die Chipkarte des Benutzers ist. Das Fiat-Shamir-Protokoll [FS87] gründet sich auf die Untersuchungen [GMR89] von Shafi **Goldwasser** und Silvio **Micali** vom Massachusetts Institute of Technology sowie Charles **Rackoff** von der University of Toronto. Die Version, die wir beschreiben werden, ist eine Verallgemeinerung des Quadratwurzelspiels.

Die Sicherheit des Protokolls beruht darauf, daß es außerordentlich schwierig ist, die modulare Quadratwurzel einer Zahl v zu finden. Genauer gesagt: Sei eine natürliche Zahl n gegeben, die keine Primzahl ist. *Wenn man die Primfaktorzerlegung von* n *nicht kennt, ist es praktisch unmöglich, eine Zahl* s *zu finden mit* $s^2 \text{ MOD } n = v$. Es wird empfohlen, n so groß zu wählen, daß n etwa 200 Dezimalstellen hat; das bedeutet, daß n in normaler Schriftgröße eine Zahl ist, die etwa 1 m lang ist. Wir werden die Schwierigkeit der Faktorisierung so großer Zahlen in Kapitel 5 ausführlich diskutieren. Hier akzeptieren wir einfach die Tatsache, daß die

Kenntnis einer modularen Quadratwurzel s von v ein wertvolles Geheimnis ist.

Lange bevor ein Authentikationsprozeß mit Hilfe des **Fiat-Shamir-Protokolls** durchgeführt werden kann, wurden in einer Schlüsselzentrale zwei Primzahlen p und q gewählt und ihr Produkt $n = p \cdot q$ gebildet. Es ist entscheidend, daß die Zentrale p und q geheimhält, während n öffentlich ist. Daher muß n so groß sein, daß Mr. X die Faktorisierung von n für ein hoffnungsloses Unterfangen hält. Der Grund dafür ist, daß man relativ einfach modulare Quadratwurzeln MOD p und MOD q berechnen und aus diesen Zahlen dann auch Quadratwurzeln MOD n zusammensetzen kann. Dies darf aber nur für die Zentrale und nicht für Mr. X möglich sein. (Überzeugen Sie sich, daß die Zentrale diese Aufgaben wirklich lösen kann, indem Sie die Übungsaufgaben **14**, **15** und **16** lösen.)

Die Schlüsselzentrale berechnet für jeden Benutzer eine Zahl s (die das Geheimnis des Benutzers ist) und eine Zahl v derart, daß $v = s^2$ MOD n gilt. Die Zahl v dient zur öffentlichen Identifizierung des Benutzers. Die Zentrale könnte etwa für v die Identifizierungsdaten (in binärer Form) des Benutzers wählen und daraus s entsprechend berechnen. Die Zahl n ist eine öffentliche Systemkonstante.

Damit sind bereits alle Aufgaben der Zentrale beschrieben. Insbesondere spielt sie bei den aktuellen Authentikationsprozessen keinerlei Rolle.

In Bild 4.14 wird das Protokoll dargestellt, mit dem die Benutzerin A einen Authentikationsrechner davon überzeugt, daß sie das Geheimnis s besitzt, ohne dem Rechner dabei das Geringste von s preiszugeben.

Einige Beobachtungen sind sofort einsichtig.

- Beide Rechner müssen nur sehr wenige Berechnungen MOD n ausführen: Auf der Seite des Benutzerin muß nur die Zufallszahl r quadriert werden; in der Hälfte aller Fälle muß noch $r \cdot s$ berechnet werden. Der Authentikationsrechner muß y quadrieren und in der Hälfte der Fälle x mit v multiplizieren.
- Der Authentikationsrechner verwendet nur öffentliche Information, während der Benutzer das Geheimnis s ganz wesentlich einsetzt.
- Der Verifizierer wird irgendwann davon überzeugt sein, daß die Benutzerin A wirklich das Geheimnis s hat. Die Wahrscheinlichkeit, daß sie (auch mit weiblicher Intuition) jedesmal das Bit b richtig vorhersagt, ist bei t-maliger Ausführung des Protokolls nur $1/2^t$. Im Falle $t = 20$ ist diese Wahrscheinlichkeit kleiner als 1 zu einer Million.
- Auch nach dem Authentikationsprozeß bleibt das Geheimnis s absolut geheim.

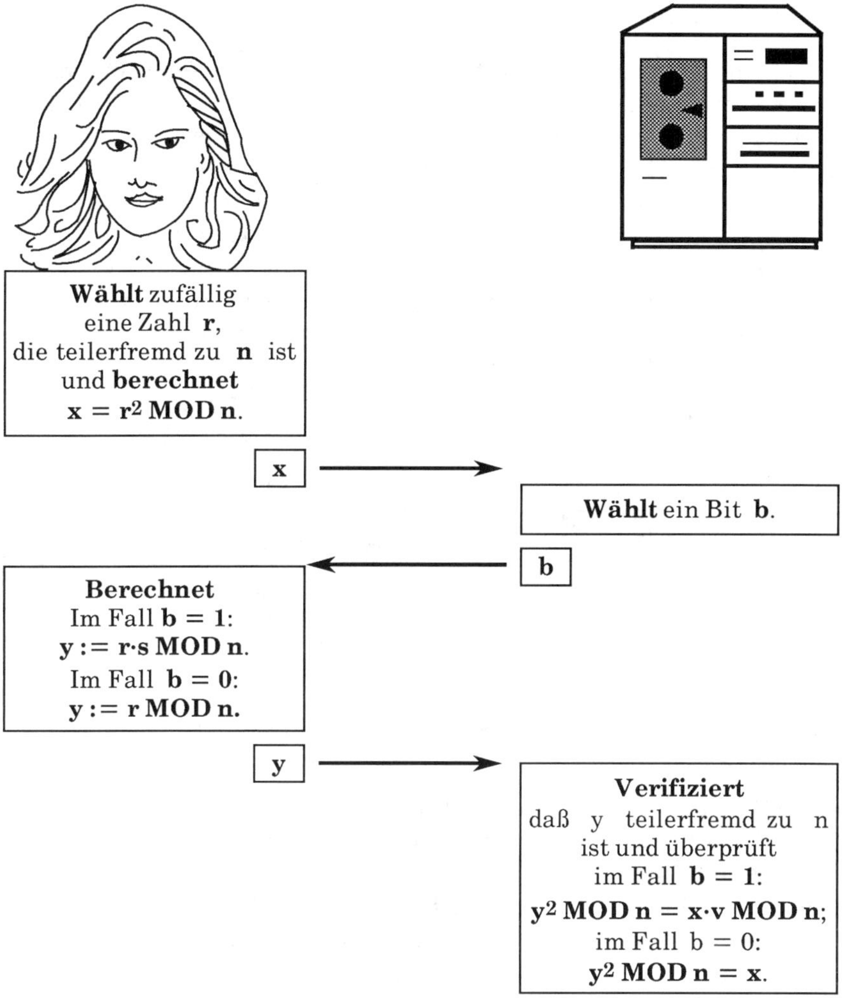

Bild 4.14 Das Fiat-Shamir-Protokoll

– Die Sicherheit des Protokolls hängt in entscheidender Weise davon ab, daß die Berechnung modularer Quadratwurzeln so schwierig ist, daß selbst der gräßliche Mr. X nicht die Quadratwurzel von v berechnen kann — und zwar selbst dann nicht, wenn er Tausende von Transaktionen abgehört hat.

Zero-Knowledge-Protokolle sind ein derzeit blühendes Teilgebiet der Kryptologie. Details des Fiat-Shamir-Protokolls sind in [FS87] zu finden. Es wurde auch ein allgemeines Schema für Zero-Knowledge-Protokolle vorgeschlagen; der interessierte Leser sei auf [BDPW90] hingewiesen.

4.3 Chipkarten

Was ist eine Chipkarte? Antwort: Eine **Chipkarte** ist eine Plastik*karte* in der Größe einer üblichen Scheck- oder Kreditkarte, in die ein *Chip* eingebettet ist, der Daten speichern kann und in der Lage ist, Berechnungen durchzuführen. Mit anderen Worten: Eine Chipkarte ist ein wirklicher Minirechner! Heutige Chipkarten haben keine Batterie, so daß der Strom während des Betriebs von außen zugeführt werden muß. Das ist eine der Funktionen der ins Auge stechenden Goldkontakte, an denen man eine intelligente Chipkarte von ihren zurückgebliebenen Verwandten unterscheiden kann (siehe Bild 4.15). Die andere wichtige Funktion der Kontakte ist, den Datentransfer von und zu der Karte zu bewerkstelligen.

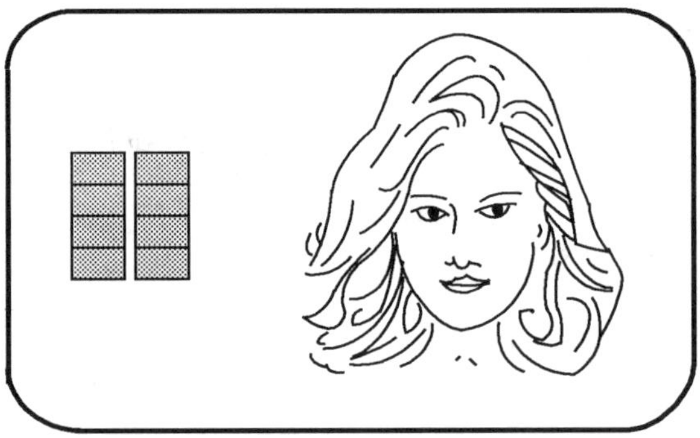

Bild 4.15 Eine Chipkarte

Die Geburtsstunde der Chipkarte schlug im Jahre 1974, als der französische Wirtschaftsjournalist Roland **Moreno** ein *System zur Speicherung von Daten in einem unabhängigen tragbaren Gegenstand* zum Patent anmeldete. Vor Moreno hatte jedoch schon Jürgen **Dethloff** aus Hamburg zusammen mit Helmut **Gröttrup** grundlegende Arbeiten durchgeführt und entsprechende Patente erworben. Seit dieser Zeit sind mehrere hundert Millionen Chipkarten produziert worden, hauptsächlich in Frankreich, wo die CP 8 Karte der Firma Bull Maßstäbe setzte. Auch in Deutschland sind Chipkarten nicht mehr zu übersehen: Die inzwischen sehr populären Kartentelefone arbeiten mit Chipkarten.

Warum Chipkarten? Anders gefragt: Warum wird in dieser Einführung in die Kryptologie das neue technische Medium „Chipkarte" behandelt? Die Antwort ist einfach. Mit der Chipkarte steht zum ersten Mal in der Geschichte ein Medium zur Verfügung, das Sicherheit auf Basis von Kryptologie realisiert und zwar für jedermann und nicht nur für Experten. Das liegt daran, daß in der Chipkarte zwei Eigenschaften zusammenkommen, die bislang vollständig getrennt waren:

- Chipkarten sind *ideal für Kryptologie*: Sie können Kryptoalgorithmen ausführen und geheime Schlüssel auf sichere Weise speichern.
- Chipkarten sind *ideal für Menschen*: Sie sind extrem einfach zu benutzen. Wir werden sehen, daß die einzige Aufgabe für den Benutzer ist, sich seine Geheimzahl zu merken, um sich gegenüber seiner Karte zu authentifizieren.

Zusammenfassend halten wir fest: Chipkarten sind nicht schwieriger zu bedienen als die üblichen Kreditkarten; sie bieten aber Sicherheitsdienste auf höchstem Niveau, nämlich solche, die auf kryptologischen Mechanismen beruhen. Wir werden zwei typische Chipkartenanwendungen diskutieren, nämlich Zugangskontrolle und „elektronisches Einkaufen". Eine Übersicht über Chipkarten und ihre Anwendungen findet man in [Fie89]; eine Darstellung von Chipkarten als Sicherheitswerkzeug ist [BKP91].

4.3.1 Chipkarten zur Zugangskontrolle

Die Grundidee ist, das Sicherheitswerkzeug „Chipkarte" zwischen Benutzer und Rechner einzuführen, um die Authentikation des Benutzers gegenüber einem Rechner sicherer zu machen. Der übliche, „altmodische" Paßwortmechanismus wird dadurch in zwei unabhängige Schritte zerlegt (vergleiche Bild 4.16).

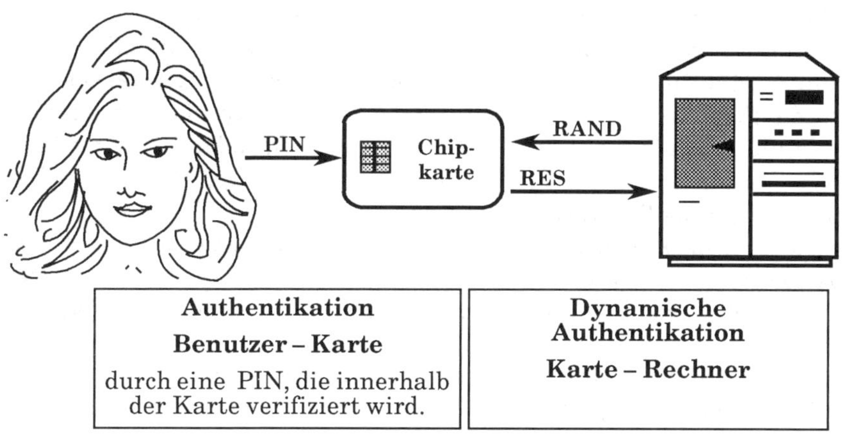

Bild 4.16 Zwei Authentikationsschritte

- Der Benutzer authentifiziert sich gegenüber seiner Karte durch eine Geheimzahl, die üblicherweise **PIN** (**P**ersönliche **I**dentifizierungs **Nu**mmer) genannt wird.
- Die Karte authentifiziert sich gegenüber dem Rechner durch ein dynamisches Authentikationsprotokoll.

Wenn Mr. X sich unberechtigt Zugang zum System verschaffen will, so muß er also nicht nur dem rechtmäßigen Benutzer die Geheimzahl abluchsen, sondern er muß sich auch in den Besitz der die Karte bringen.

Sie kennen sicherlich das entsprechende Verfahren von den Geldausgabeautomaten. Jeder, der diesen Geldesel anzapfen will, muß zunächst durch Einschieben der Scheckkarte mitteilen, wer er ist und dann noch beweisen, daß er die zugehörige Geheimzahl kennt. Sie sehen: Diese Geheimzahl ist nicht eine Schikane der Bank, die ihren Kunden das Leben schwer macht, sondern die (einzige!) Sicherheit, die ein Kunde dem System gegenüber hat. Man sollte damit also äußerst sorgfältig und achtsam umgehen! Da unsere Geldausgabeautomaten aber nicht mit Chipkarten, sondern „nur" mit Magnetstreifenkarten arbeiten, kann die Authentikation der Karte gegenüber dem Rechner (das heißt, dem Automaten) nur statisch, nicht dynamisch erfolgen; Chipkarten bieten hier ein deutlich höheres Sicherheitsniveau.

Wir betrachten nun beide Authentikationsschritte im einzelnen.

- Wenn der Benutzer seine PIN über eine Tastatur am Terminal eintippt, wird die Geheimzahl direkt zur Karte übertragen und innerhalb der Karte mit einem gespeicherten Referenzwert verglichen. Wenn diese beiden Werte nicht übereinstimmen, verweigert die Karte jeden weiteren Dienst. (Natürlich wird man den üblichen Mechanismus haben, daß die Karte ihren Dienst nur dann verweigert, wenn ein Benutzer (Mr. X?) dreimal hintereinander eine falsche PIN eingegeben hat.) Man beachte: Da die Geheimzahl des Benutzers nur innerhalb seiner Karte überprüft wird, braucht man keine zentrale PIN-Datei. Man kann sich gut Chipkartensysteme vorstellen, bei denen der Benutzer seine PIN ändern kann, wenn er möchte, und bei denen die PIN variable Länge hat.
- Die Authentikation der Karte gegenüber dem System erfolgt durch eine Challenge-and-Response-Prozedur, wie sie in Abschnitt **4.2.2** beschrieben ist. Dafür brauchen die Karte und der Rechner einen gemeinsamen Algorithmus f und einen gemeinsamen geheimen Schlüssel k. Der Rechner fordert die Karte heraus, indem er ihr eine Zufallszahl RAND schickt. Die Karte wendet den Algorithmus f unter dem Schlüssel k auf RAND an und schickt das Ergebnis RES als Antwort zurück zum Rechner. Dieser hat in der Zwischenzeit mit seinem Schlüssel ebenfalls RES berechnet und

kann also überprüfen, ob die beiden Resultate übereinstimmen. Zugangskontrolle mit symmetrischen Algorithmen ist ausführlicher in [BR89] dargestellt.

Die Vorteile einer solchen Prozedur liegen auf der Hand: Die Zahlen verändern sich von Mal zu Mal; daher kann Mr. X nicht vorhersagen, welche Zahl als nächste RAND oder als nächste RES kommen wird. Insbesondere bleiben geheime Daten (wie etwa Schlüssel) geheim.

Die heutigen Chipkarten haben nur kleine Prozessoren und sehr geringe Speicherfähigkeit (wenige Kilobyte). Dies liegt daran, daß die Chipfläche nicht größer als 20 mm^2 sein darf, denn sonst würde der Chip beim Durchbiegen der Karte brechen. Daher kann man heute ausschließlich symmetrische Algorithmen auf Chipkarten implementieren, also Algorithmen, bei denen beide Seiten denselben geheimen Schlüssel benutzen. Es ist selbstverständlich äußerst wünschenswert, daß Chipkarten auch Zero-Knowledge-Protokolle oder die im nächsten Kapitel diskutierten asymmetrischen Algorithmen unterstützen können. (In der Tat wurde das Fiat-Shamir-Protokoll für den Einsatz in Chipkarten entwickelt!) Solche Algorithmen können heute noch nicht mit hoher Sicherheit und genügender Geschwindigkeit auf Chipkarten implementiert werden [FP90]; dies wird sich aber sicherlich mit der nächsten Chipkartengeneration ändern; entsprechende Karten sind bereits angekündigt.

4.3.2 Einkaufen mit der Karte

Die Idee des **elektronischen Einkaufens**, auf gut deutsch auch **electronic cash** oder **POS-Banking** genannt (POS: Point Of Sale) ist die folgende: Die Kundin Anna Trocken geht ins Kaufhaus, sucht sich ihre Waren zusammen, bezahlt dann und zwar weder bar noch mit Scheck, noch mit Kreditkarte — sondern mit ihrer Chipkarte.

Auf den ersten Blick sieht es so aus, als müßte man nur das alte Problem der Authentikation der Kundin A. Trocken gegenüber dem Kaufmann K. Rotte lösen. Aber die Situation ist komplexer, da nun drei grundsätzlich verschiedene Gruppierungen mit verschiedenen Interessen beteiligt sind: Der Kunde, der Kaufmann und die Bank. Sogar dieses Szenario ist noch fast unzulässig vereinfacht; wir nehmen nämlich an, daß Kunde und Kaufmann dieselbe Bank haben. (Siehe Bild 4.17.)

Man muß zwischen zwei Diensten unterscheiden, nämlich der Authentikation der Kommunikationspartner und der Authentikation der Nachricht, die in der jetzt betrachteten Anwendung eine Art elektronischer Scheck ist.

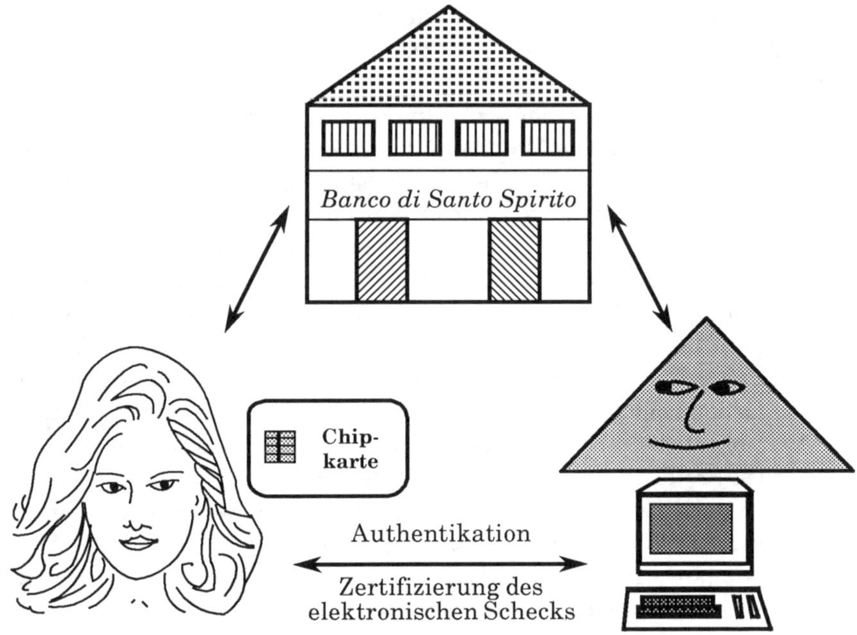

Bild 4.17 POS-Banking

Die Authentikation des Kunden gegenüber dem Terminal des Kaufmanns wird in der Tat mit Hilfe eines üblichen Protokolls zur Benutzerauthentikation durchgeführt, wie es etwa im vorigen Abschnitt beschrieben wurde. In der Regel wird man bei einer solchen Anwendung eine gegenseitige Authentikation verlangen: Auch das Händlerterminal muß sich gegenüber der Chipkarte als authentisch ausweisen. Denn die Chipkarte hat auf diese Weise die Möglichkeit, manipulierte Terminals von echten zu unterscheiden. Ein solches Protokoll läuft auch nach der Methode „challenge and response" ab — mit dem einzigen Unterschied, daß jetzt die Karte eine Zufallszahl schickt, damit den Rechner herausfordert und dieser die richtige Antwort geben muß.

Eine andere Sache ist die Authentikation des elektronischen Schecks. Dieses Dokument wird mittels einer Art MAC „unterschrieben" und dann von der Karte zum Händlerterminal geschickt. Es ist klar, daß der Herr Rotte den Scheck nicht ändern können darf; andererseits ist es wünschenswert, daß er die Gültigkeit des Schecks überprüfen kann. Aber der Pferdefuß bei der Verwendung symmetrischer Algorithmen ist, daß jeder, der einen MAC prüfen kann, auch in der Lage ist, diesen fälschen zu können. (Er ändert einfach das Dokument und berechnet mit Hilfe des geheimen

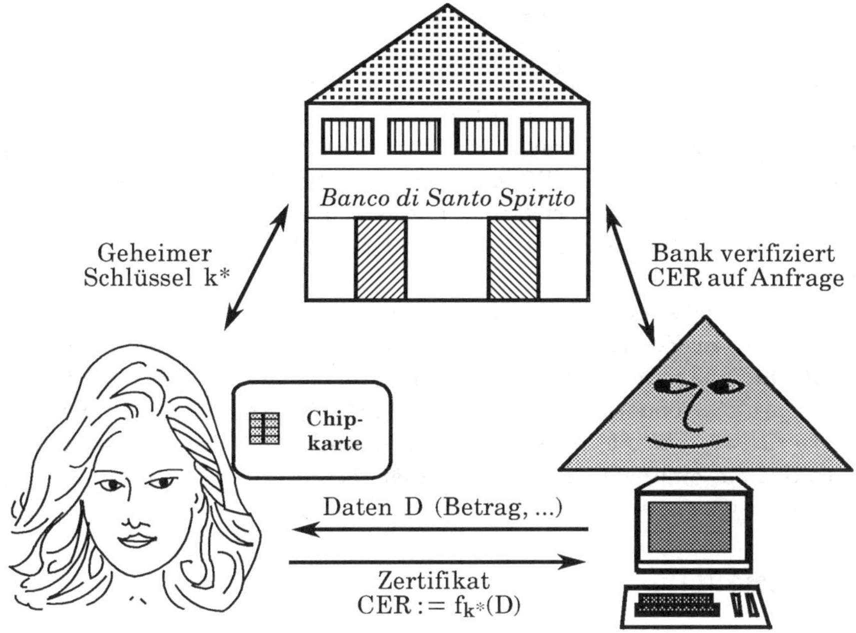

Bild 4.18 Zertifizierung

Schlüssels den zugehörigen neuen MAC.) Hier würden sich asymmetrische Signaturschemata (siehe Kapitel 5) als eleganteste Lösung anbieten.

Wenn man aus praktischen Gründen mit symmetrischen Algorithmen auskommen muß, so kann man vorgehen wie in Bild 4.18 dargestellt.

Die Kundin, Frau Trocken, und ihre Bank haben einen gemeinsamen geheimen Schlüssel k*, den K. Rotte nicht kennt. Auf den elektronischen Scheck D wird dann wie in Abschnitt **4.2.1** beschrieben eine MAC-Prozedur angewandt. Nachdem Kunde und Karte akzeptiert sind, können sie den Kauf tätigen. Dazu müssen sie die Buchungsdaten D (Betrag, Art der Ware, Datum, Name des Kaufhauses) bestätigen und dem Händler so übermitteln, daß er

- eine Garantie hat, daß er das Geld von der Bank bekommt, und
- an den Daten nichts mehr 'drehen' kann. (Ein betrügerischer Kaufmann könnte, nachdem er die Ware geliefert hat, auf die Idee kommen, den Betrag zu erhöhen und den erhöhten Betrag von der Kundenbank einzufordern.)

Um diesen Betrug zu verhindern, hat die Karte einen Geheimschlüssel k* gespeichert. Das ist ein Schlüssel, der zwischen der Kundin A. Trocken und ihrer Bank vereinbart wurde — und der dem Kaufmann K. Rotte (wie jedem anderen potentiellen Betrüger) völlig unbekannt ist! Dieser Schlüssel k^* tritt jetzt in Aktion.

Die Karte sendet nicht nur die Buchungsdaten D an das Händlerterminal zurück, sondern auch die mit Hilfe des Schlüssels k^* „unterschriebenen" Daten. Der so konstruierte MAC wird oft **Zertifikat** genannt und als CER bezeichnet. Dieser CER garantiert, daß der Händler den bei ihm eingereichten Scheck nicht erfolgreich fälschen kann. Wenn er sich aber überzeugen will, daß der Scheck echt ist, kann er die Bank beauftragen, für ihn die Echtheit zu überprüfen.

Die Methode der Zertifizierung ist natürlich nicht ideal, und zwar aus zwei Gründen. Zunächst müssen beide Seiten, Kunde und Kaufmann, der Bank vertrauen. Ferner kann der Kaufmann den Scheck nicht sofort („offline") prüfen, sondern er muß gegebenenfalls eine online-Anfrage an die Bank richten. Nach allgemeiner Überzeugung bietet aber bereits ein solches System eine weit höhere Sicherheit für alle Beteiligten als andere Zahlungssysteme auf Kartenbasis.

Übungsaufgaben

1. Mit welchem der Begriffe „Vertraulichkeit", „Integrität" oder „Authentikation" assoziieren Sie die folgenden Vorgänge und Objekte?
- Fingerabdruck,
- Knopf im Ohr,
- Siegel auf Dokumenten,
- durch Sahne kunstvoll verzierter Schokoladenpudding,
- Keuschheitsgürtel,
- TÜV-Plakette,
- Aktenkoffer mit Zahlenschloß,
- Verplomben eines Zimmers.

2. Interpretieren Sie die folgenden Vorgänge als Einwegfunktionen:
- Sich ein Bein brechen,
- Zahnpasta (noch besser: Klebstoff) aus der Tube drücken,
- Kinderzimmer in Unordnung bringen („spielen"),
- Rührei zubereiten,
- eine Gehirnwäsche,
- Farben mischen,
- zum ersten Mal „$e = m \cdot c^2$" denken,
- sterben,
- ein Kind gebären.

3. Die meisten dieser Vorgänge kann man interpretieren als „Übergang von Ordnung in Chaos". Alle? Versuchen Sie sich eine Einwegfunktion auszudenken, bei der das Chaos nicht vergrößert wird.

4. Ist die folgende Funktion eine Einwegfunktion? Es ist sehr einfach, in einem Telefonbuch zu einem Namen die zugehörige Telefonnummer zu finden. Aber es ist umgekehrt außerordentlich schwierig, zu einer gegebenen Nummer aus dem Telefonbuch den entsprechenden Namen herauszusuchen. [Es gibt eine simple Methode, den Namen herauszubekommen: Rufen Sie die Nummer einfach an!]

5. Suchen Sie eine modulare Quadratwurzel von 34 modulo 55 (das ist eine natürliche Zahl s mit s^2 MOD 55 = 34).

6. Hat einer der Partner einen Nachteil, wenn in einem Challenge-and-Response-Protokoll die „Zufallszahl" RAND nicht zufällig gewählt wird? Unterscheiden Sie bei Ihren Überlegungen die Fälle

- RAND ist konstant,
- RAND ist nicht konstant, aber vorhersehbar (Beispiel: $RAND_{neu} = RAND_{alt} + 1$).

Überlegen Sie insbesondere, ob irgendjemand außer dem Authentikationsrechner einen Nachteil hat.

7. Führen Sie sich die folgende besonders tragische Ausprägung einer Einwegfunktion aus Otfried **Preußlers** *Neues vom Räuber Hotzenplotz* vor Augen. Dort erzählt Frau Schlotterbeck:

> *„Ich weiß selbst nicht, weshalb ich ihn* [den Dackel Wasti] *eines Tages in einen Bernhardiner umhexen wollte. Aus Langeweile vermutlich, nur so zum Zeitvertreib... Was ich an jenem Unglückstag falsch gemacht habe, ist mir bis heute schleierhaft. Jedenfalls sieht mein armer Wasti seither wie ein Krokodil aus — auch wenn er im Grunde genommen der brave Dackel geblieben ist, der er immer war."*
>
> ...
>
> *„Und — haben Sie nie versucht, ihn zurückzuhexen?"*
> *„Natürlich", sagte Frau Schlotterbeck. „Aber es hat nicht geklappt, und da habe ich's schließlich aufgegeben. Sie werden begreifen, daß mir seitdem die Lust am Hexen vergangen ist..."*

8. Interpretieren Sie die folgenden Literaturstellen im Lichte von Geheimhaltung bzw. Authentikation:

(a) *„Wann ihr euch einmal trennt, so stoßt dies Messer am Scheideweg in einen Baum; daran kann einer, wenn er zurückkommt, sehen, wie es seinem* *abwesenden Bruder ergangen ist; denn die Seite, nach welcher dieser ausgezogen ist, rostet, wann er stirbt; solange er aber lebt, bleibt sie blank."*

(Brüder Grimm, *Die zwei Brüder*)

(b) *Im Departement du Gard — ganz richtig, da, wo Nîmes liegt und der Pont du Gard: im südlichen Frankreich — da saß in einem Postbüro ein älteres Fräulein als Beamtin, die hatte eine böse Angewohnheit: sie machte ein bißchen die Briefe auf und las sie. Das wußte alle Welt. Aber wie das so in Frankreich geht: Concierge, Telefon und Post, das sind geheiligte Institutionen, und daran kann man schon rühren, aber daran darf man nicht rühren, und so tut es denn auch keiner.*

Das Fräulein also las die Briefe und bereitete mit ihren Indiskretionen den Leuten manchen Kummer.

Im Departement wohnte auf einem schönen Schlosse ein kluger Graf. Grafen sind manchmal klug, in Frankreich. Und dieser Graf tat eines Tages folgendes:

Er bestellte einen Gerichtsvollzieher auf das Schloß und schrieb in seiner Gegenwart an einen Freund:

> *Lieber Freund!*
> *Da ich weiß, daß das Postfräulein Emilie Dupont dauernd unsere Briefe öffnet und sie liest, weil sie vor lauter Neugier platzt, so sende ich Dir anliegend, um ihr einmal das Handwerk zu legen, einen lebendigen Floh.*
> *Mit vielen schönen Grüßen* — *Graf Koks.*

Und diesen Brief verschloß er in Gegenwart des Gerichtsvollziehers. Er legte aber keinen Floh hinein.

Als der Brief ankam, war einer drin.

(Kurt Tucholsky, *Der Floh*)

9. Geben Sie mindestens zwanzig Wörter an, von denen Sie *keines* als Ihr Paßwort benutzen sollten.

10. Betrachten Sie folgende einfache MAC-Bildung. Für eine (deutsche) Nachricht ist der MAC nichts anderes als der entsprechende Geheimtext unter einer Verschiebechiffre.

(a) Zeigen Sie: Unser böser Mr. X kann erreichen, daß eine beliebige Nachricht mit einer Wahrscheinlichkeit 1/26 akzeptiert wird.

(b) Was passiert, falls Mr. X eine authentifizierte Nachricht aus mindestens zwei Buchstaben abhört?

(c) Ist die Betrugswahrscheinlichkeit im allgemeinen größer als 1/26?

11. Spielen Sie die Rolle von Mr. X und suchen Sie den Schlüssel aus dem Beispiel von Bild 4.6.

12. Die tragische Entwicklung in William **Shakespeare**s *König Lear* hängt entscheidend von vier Briefen ab. Überzeugen Sie sich, daß das Drama einen glücklichen Ausgang hätte nehmen können, wenn die Hauptfiguren dieses Buch gelesen hätten. Schauen Sie sich insbesondere die folgenden Szenen an.

Erster Aufzug, zweiter Auftritt: Edmund, der illegitime Sohn von Gloster, macht Gloster glauben, ein von ihm geschriebener Brief käme von Edgar. In diesem Brief berichtet (scheinbar!) Edgar von seinen hinterlistigen Plänen. Wenn Gloster nachprüfen hätte können, ob der Brief authentisch ist, hätte er ihn als Fälschung erkannt.

Zweiter Aufzug, vierter Auftritt: Einer von Lears Männern beobachtet, wie ein Brief Gonerils ihrer Schwester Regan durch einen Boten überbracht wird. Dieser Bericht führte (zusammen mit anderen Ereignissen) zu Lears Wahnsinn. Goneril hätte Methoden der Anonymität (Kapitel 6) anwenden sollen.

Dritter Aufzug, dritter Auftritt: Ein Brief an Gloster informiert diesen, daß das Heer, das zur Unterstützung des abgesetzten Königs zusammengestellt wurde, in die Hand des Feindes gefallen ist. Dies zeigt, daß jedes Sicherheitssystem zum Scheitern verurteilt ist, wenn ein leichtgläubiger Ehrenmann (Gloster) sein Vertrauen auf jemand setzt, der, wie Edmund, hinterlistig und entschlossen ist.

Vierter Aufzug, sechste Szene: Edgar bringt sich in Besitz eines Briefes von Goneril an Edmund, in dem sie vorschlägt, ihren Gatten aus dem Weg zu räumen. Sie hätte dieses Buch lesen und eine Chiffre benutzen sollen.

13. Interpretieren Sie die folgende Prozedur als Zero-Knowledge-Protokoll. Diese außerordentlich hübsche Darstellung wurde von den Familien von Jean-Jaques **Quisquater** (Belgien) und Louis **Guillou** (Frankreich) gefunden. Sie sollten unbedingt die wunderschöne Arbeit [QG90] lesen. Dort wird eine Methode vorgestellt, wie Circe ihr Geheimnis vor Ulysses bewahren kann. Das Geheimnis besteht darin, daß sie weiß, wie eine **Magische Tür** geöffnet wird. Das Gebäude mit der magischen Tür hat einen raffinierten Grundriß (Bild 4.19).

Das Protokoll ist das folgende: Circe geht durch die Eingangstür und entscheidet sich dann, nach links oder rechts zu gehen, tut das und schließt die entsprechende Tür hinter sich zu. Jetzt darf auch Ulysses durch die Eingangstür das Gebäude betreten, aber er muß dann stehen bleiben und weiß also nicht, hinter welcher Tür sich Circe versteckt. Jetzt denkt er sich

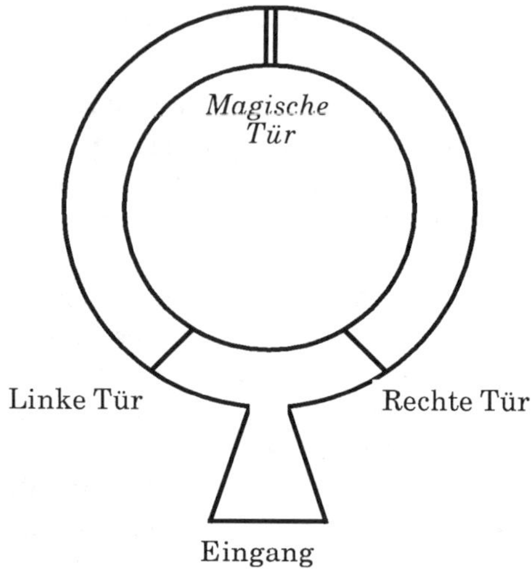

Bild 4.19 Die Magische Tür

„rechts" oder „links" und fordert Circe durch einen Ruf auf, durch die entsprechende Tür wieder zu erscheinen. Falls Circe die magische Tür wirklich öffnen kann, kann sie Ulysses immer zu Willen sein; falls sie das Geheimnis aber nicht kennt, hat sie nur mit der Wahrscheinlichkeit $\frac{1}{2}$ Erfolg. [Eine ausführliche Darstellung auf Deutsch finden Sie in [BS93].]

14. Bestimmen Sie diejenigen Zahlen, die MOD 11 Quadrate sind. [Zum Beispiel ist 5 ein Quadrat MOD 11, da 4^2 MOD 11 = 5 ist.]

15. (a) Überzeugen Sie sich, daß man die Quadratwurzel einer Zahl MOD 11 erhält, indem man die Zahl zur dritten Potenz MOD 11 erhebt. Mit anderen Worten: Diejenige Zahl y, die durch

$$y := x^3 \text{ MOD } 11$$

definiert ist, hat die Eigenschaft y^2 MOD 11 = x.
(b) Was passiert im Fall x = 2 ? [Hinweis: Konsultieren Sie die vorige Aufgabe.]

16. Im allgemeinen ist folgende Tatsache richtig: Sei p eine Primzahl mit p MOD 4 = 3, und sei x eine natürliche Zahl derart, daß x ein Quadrat modulo p ist. Dann erhält man die Quadratwurzel von x modulo p, indem man x zur $(p+1)/4$-ten Potenz MOD p erhebt.

Überprüfen Sie diese Behauptung an mindestens zwei von 11 verschieden Primzahlen. [▸ Falls Sie wissen, daß die Zahlen 1, 2, . . ., p–1 bei Multiplikation modulo p eine zyklische Gruppe bilden, können Sie die Behauptung auch *beweisen.*]

17. Warum wurde im Fiat-Shamir-Protokoll Wert auf die Tatsache gelegt, daß x teilerfremd zu n ist? [Hinweis: Betrachten Sie den Fall $x = 0$.]

18. Was ist die Funktion der Zufallszahl r im Fiat-Shamir-Protokoll? [Hinweis: Wenn B die Zahl r kennt, kann er sein Bit b so schlau wählen, daß er das Geheimnis s berechnen kann.]

19. Überzeugen Sie sich von folgender Eigenschaft des Fiat-Shamir-Protokolls: Wenn Mr. X sich als A ausgeben möchte, ohne das Geheimnis s von A zu kennen, kann ihm das in jeder Runde mit der Wahrscheinlichkeit $\frac{1}{2}$ gelingen. [Hinweis: Nehmen Sie an, daß Mr. X weiß, welches Bit b ihm geschickt werden wird. Erst dann wählt er y und bestimmt daraus x derart, daß der Verifikation auf Seiten von B nichts im Wege steht.]

Kapitel 5

Die Zukunft hat schon begonnen oder Asymmetrische Kryptosysteme

Der Regen fließt eben herunter
Und fließt eben nicht hinauf.
(Bertolt Brecht)

Bei den bisher behandelten Kryptosystemen ist uns schon mehrfach zweierlei aufgefallen:

(1) Bei einem Chiffriersystem gilt: Wer verschlüsseln kann, kann auch entschlüsseln; bei einem Authentikationsverfahren führen beide Seiten dieselbe Prozedur durch.

(2) Je zwei Partner müssen einen gemeinsamen geheimen Schlüssel austauschen.

Die zweite Eigenschaft ist zweifellos ein Nachteil, während wir gewohnt sind, die erste (die die bislang behandelten **symmetrischen** Kryptosysteme definiert) als Vorteil anzusehen; denn sie sagt ja zum Beispiel, daß man zum Ver- und Entschlüsseln dieselbe Maschine verwenden kann. Die asymmetrischen Verfahren zeichnen sich dadurch aus, daß sie von der ersten Eigenschaft so weit wie möglich entfernt sind. Es wird sich zeigen, daß solche Systeme dann die Eigenschaft (2) nicht haben, daß also das Schlüsselmanagement (jedenfalls im Prinzip) recht einfach wird.

Wir werden hauptsächlich den Begriff **asymmetrischer Algorithmus** verwenden; manchmal werden wir dafür auch die englische Formulierung **public-key-Algorithmus** benutzen. Diese Verfahren wurden 1976 von Whitfield **Diffie** und Martin **Hellman** in ihrer epochemachenden Arbeit *New Directions in Cryptography* [DH76] vorgeschlagen, einer Arbeit, die ihren Titel mit vollem Recht führt. Diffie schreibt in einem sehr empfehlenswerten Übersichtsartikel [Dif88]:

Die public-key Kryptographie wurde im Mai 1976 als Kind von zwei Problemen geboren, dem Schlüsselverteilungsproblem und dem

Signaturproblem . . . Die Entdeckung bestand nicht in einer Lösung, sondern in der Erkenntnis, daß die beiden Probleme, die beide aufgrund ihrer Definition unlösbar schienen — überhaupt lösbar sind und daß beide Probleme gemeinsam gelöst werden.

5.1 Asymmetrische Kryptosysteme

Wir arbeiten unter der Voraussetzung, daß jeder Teilnehmer **T** ein *Paar* von Schlüsseln hat,

- einen **öffentlichen Schlüssel** $\mathbf{E} = \mathbf{E}_\mathrm{T}$ ("Encryption") zur Verschlüsselung und
- einen **geheimen** (**privaten**) **Schlüssel** $\mathbf{D} = \mathbf{D}_\mathrm{T}$ ("Decryption") zum Entschlüsseln,

die sich durch die folgende entscheidende Eigenschaft auszeichnen: *Aus der Kenntnis von* $\mathbf{E}_\mathrm{T}$ *ist der private Schlüssel* $\mathbf{D}_\mathrm{T}$ *nicht zu erschließen.*

Ein System mit dieser Eigenschaft heißt **asymmetrisches Kryptosystem** (oder auch **public-key Kryptosystem**). Auf den ersten Blick scheint es völlig unglaublich zu sein, daß es Systeme mit dieser Eigenschaft gibt; wir werden aber später sehen, daß Realisierungen existieren, die dieser Forderung genügen.

Alle öffentlichen Schlüssel sind in einer allgemein zugänglichen Datei (nach dem Modell des Telefonbuchs) untergebracht, während die privaten Schlüssel geheim sind, also nur ihren Besitzern (bzw. deren Computern) bekannt sind.

An Bild 5.1 kann man sich das einigermaßen vorstellen. (Eigentlich müßten die Fensterläden aus Geheimhaltungsgründen geschlossen sein, aber dann würde man nichts mehr sehen.)

Ein asymmetrisches Kryptosystem heißt **asymmetrisches Verschlüsselungssystem**, falls *für jede Nachricht* **m** *gilt:*

$$\mathbf{D}(\mathbf{E}(\mathbf{m})) = \mathbf{m}.$$

Ein asymmetrisches Kryptosystem heißt **asymmetrisches Signaturschema**, falls *für jede Nachricht* **m** *mit Hilfe des öffentlichen Schlüssels* **E** *überprüft werden kann, ob* **m** *und* **D(m)** *zusammenpassen.*

Hier sind folgende *Bemerkungen* angebracht.

- Es bietet sich in diesem Zusammenhang an, für den mit **E** verschlüsselten Geheimtext **E(m)** zu schreiben. Diese Schreibweise unterscheidet sich leicht von der in Kapitel 3 verwendeten.
- Die definierende Gleichung für ein asymmetrisches Verschlüsselungssystem bedeutet, daß die verschlüsselte Nachricht **E(m)** mittels **D** wieder

Bild 5.1 Private und öffentliche Schlüssel

korrekt entschlüsselt wird; diese Forderung ist nicht mehr als recht und billig.

- Die Definition eines asymmetrischen Signaturschemas wurde absichtlich so allgemein gehalten. Wir werden später sehen, wie sich die Forderung, daß **m**, **D**(**m**) und **E** „zusammenpassen" sollen, konkretisieren läßt.
- Es gibt asymmetrische Verschlüsselungsschemata, asymmetrische Signaturschemata und es gibt Systeme, die beide Aufgaben zugleich erfüllen.

Stellen wir uns vor, daß wir ein asymmetrisches Verschlüsselungssystem haben. Die öffentlichen und die privaten Schlüssel müssen bereitgestellt sein, um mit der **Verschlüsselung** überhaupt anfangen zu können.

Diese erfolgt in drei Schritten:

1. *Will* **A** *an* **B** *eine Nachricht* **m** *senden, so*
   - *sucht er den öffentlichen Schlüssel* $\mathbf{E_B}$ *von* **B** *heraus,*
   - *verschlüsselt die Nachricht* **m** *mittels* $\mathbf{E_B}$ *und*
   - *sendet* $\mathbf{E_B}(\mathbf{m})$ *an* **B**.

2. **B** *kann den Geheimtext* $\mathbf{E_B(m)}$ *entschlüsseln, da er (als einziger)* $\mathbf{D_B}$ *kennt:*

$$\mathbf{D_B(E_B(m)) = m}$$

3. *Kein anderer Teilnehmer kann* $\mathbf{E_B(m)}$ *entziffern, da er nach Voraussetzung aus der Kenntnis von* $\mathbf{E_B}$ *(und* $\mathbf{E_B(m)}$*) nicht auf* $\mathbf{D_B}$ *schließen kann.*

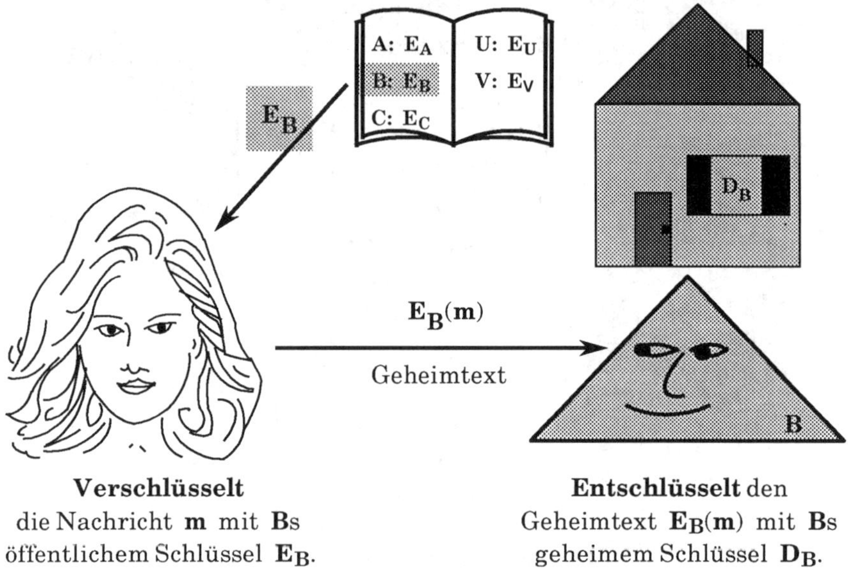

Bild 5.2 Asymmetrisches Verschlüsselungssystem

Man beachte, daß nur Schlüssel von **B** verwendet wurden.

Auf den ersten Blick mag ein solches Verfahren ziemlich verwirrend und kompliziert erscheinen. Um seine grundsätzliche Einfachheit (das heißt, seine Genialität) einsehen zu können, illustrieren wir es mit einem *Beispiel* aus alltäglichen Begriffen.

Stellen wir uns eine Reihe von Briefkästen vor. Jeder Teilnehmer an unserem Spielkommunikationssystem hat einen Briefkasten mit Namensschild und Schloß und einem zugehörigen Schlüssel. Jeder Schlüssel paßt nur zu dem zugehörigen Briefkasten. Die individuellen Briefkastenschlüssel entsprechen den geheimen Schlüsseln.

Wenn jemand eine Nachricht an Frau Heim schicken möchte, so steckt er die Nachricht in Frau Heims Briefkasten. (Dies entspricht der Verschlüsselung — und in der Tat ist die Nachricht jetzt nicht mehr lesbar.) Man beachte die Analogie zur Grundeigenschaft eines asymmetrischen

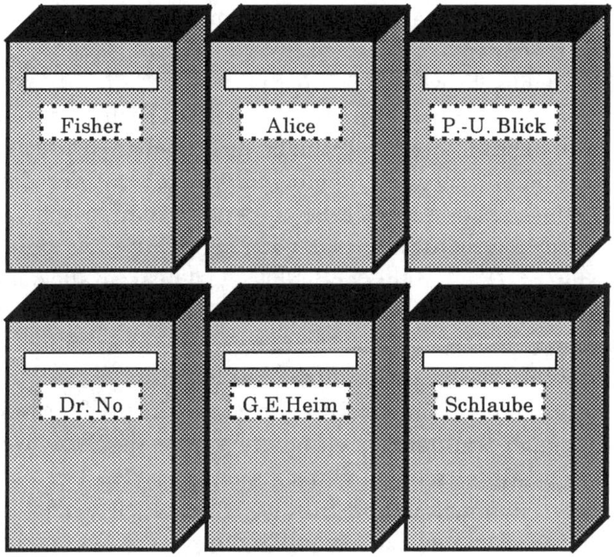

Bild 5.3 Briefkästen

Kryptosystems: Das Verschlüsseln ist ganz einfach, aber die inverse Operation, also das Aufschließen mit Hilfe des zugehörigen Schlüssels wird dadurch um keinen Deut einfacher!

Jetzt kann jeder, auch der Sender, versuchen, mit seinem Schlüssel an dem Briefkasten herumzufummeln — ohne Erfolg! Nur Frau Heim persönlich kann das Schloß öffnen — und zwar ohne jede Mühe.

Dieses Beispiel mag banal erscheinen; es zeigt aber auf sehr schöne Art die Wirkungsweise einer Verschlüsselung mit öffentlichen Schlüsseln.

*

Ein asymmetrisches Verschlüsselungssystem bietet folgende ins Auge springenden **Vorteile:**

- Kein Schlüsselaustausch ist notwendig!

Das alte Hauptproblem der symmetrischen Verfahren wurde also mit einem Schlag äußerst elegant und wirkungsvoll gelöst. Eine Konsequenz ist, daß mit Hilfe eines asymmetrischen Verfahrens eine *spontane Kommunikation* möglich wird. Ich kann also mit einem Partner oder einer Partnerin Geheimnisse austauschen, ohne vorher lange Verabredungen über Schlüssel treffen zu müssen. Man sagt auch: Asymmetrische Verfahren sind ideal für **offene** Kommunikation, also solche Systeme, in denen die

Partner nicht erst einen Vertrag schließen müssen, bevor sie miteinander kommunizieren können.

- Man braucht sehr wenige Schlüssel!

Bei symmetrischen Verfahren müssen bekanntlich je zwei Teilnehmer einen Schlüssel austauschen; n Teilnehmer brauchen n(n–1)/2 Schlüssel. Die Anzahl der Schlüssel steigt somit *quadratisch* mit der Zahl der Teilnehmer. Demgegenüber braucht bei einem asymmetrischen Verfahren jeder Teilnehmer nur zwei Schlüssel, von denen nur einer geheimgehalten zu werden braucht. Die Anzahl der Schlüssel ist also gerade doppelt so groß wie die Anzahl der Teilnehmer. Beispielsweise brauchen 1001 Teilnehmer in einem symmetrischen System 500.500 Schlüssel, in einem asymmetrischen aber nur 2002, weniger als ein halbes Prozent.

- Neue Teilnehmer können ohne Probleme hinzugefügt werden.

Wenn ein neuer Teilnehmer zu einem symmetrischen System hinzukommt, müssen alle alten Teilnehmer einen Schlüssel mit ihm austauschen. In einer asymmetrischen Situation hingegen brauchen die alten Teilnehmer ihre Daten nicht zu aktualisieren.

- Manche asymmetrischen Kryptosysteme bieten eine ausgezeichnete Möglichkeit für eine *elektronische Unterschrift*.

Was das heißt, werden wir in Abschnitt **5.2** erörtern. Zuvor muß jedoch noch auf Nachteile hingewiesen werden, die diese Verfahren leider auch haben.

- Bislang ist kein asymmetrisches Kryptosystem bekannt, das sowohl als sicher gilt, als auch schnell ist.

Das Verfahren, das vor allen andern die Diskussionen beherrscht, ist der RSA-Algorithmus, den wir anschließend behandeln werden. In der letzten Zeit haben aber auch Algorithmen, die auf „diskreten Logarithmen" beruhen, gebührende Aufmerksamkeit erhalten, so daß wir auch diese attraktiven Verfahren behandeln werden.

- Ein weiterer Nachteil liegt darin, daß asymmetrische Algorithmen — entgegen dem ersten Anschein — auch ein gewisses Schlüsselmanagement benötigen.

Auf den ersten Blick sieht alles ja ganz einfach aus: Jeder neue Teilnehmer bekommt ein neues Schlüsselpaar (oder wählt sich das sogar selbst), und damit hat sich's. Denkste! Denn: Was passiert, wenn ich (an unserem Beispiel argumentiert) meinen Briefkasten mit dem (falschen!) Namensschild „Heim" versehe, zu dem aber nur mein Schlüssel paßt. Dann kann ich sämtliche Nachrichten, die für Frau Heim bestimmt sind, abfangen.

Diesem Dilemma kann man entkommen, indem man eine trickreiche Schlüsselverwaltung durchführt, die gewährleistet, daß die Schlüssel „authentisch" sind. Dies wird in Übungsaufgabe **15** erläutert.

5.2 Die elektronische Unterschrift

Eine weitere, äußerst wichtige Idee von Diffie und Hellman ist die elektronische (oder digitale) Unterschrift. Zuerst machen wir uns die Eigenschaften einer gewöhnlichen handschriftlichen Unterschrift klar.

Nehmen wir an, eine Ärztin, Frau Dr. Abele, hat ihre Unterschrift unter ein Rezept gesetzt. Dann hat diese Unterschrift im Idealfall folgende Eigenschaften:

- Nur Frau Dr. Abele kann diese Unterschrift produzieren,
- jeder andere kann verifizieren, daß diese Unterschrift von Frau Dr. Abele stammt.

Es ist klar, daß Frau Dr. Abele über ein gewisses Etwas verfügen muß, sonst könnte ja jeder, insbesondere Mr. X, ihre Unterschrift produzieren. Sie braucht also ein Geheimnis. Mit Hilfe eines solchen geheimen Schlüssels kann sie auch unter Einsatz eines asymmetrischen Signaturschemas eine „elektronische Unterschrift" auf folgende Weise realisieren:

1. *Will Frau Dr. Abele eine Nachricht* **m signieren**, *so*
   - *"verschlüsselt" sie* **m** *mit ihrem (nur ihr bekannten) privaten Schlüssel* $\mathbf{D_A}$,
   - *veröffentlicht die signierte Nachricht* $\mathbf{D_A(m)}$.
2. *Jeder andere Teilnehmer kann diese* **Signatur** $\mathbf{D_A(m)}$ **verifizieren** (vergleiche Bild 5.4), *indem er mit dem öffentlichen Schlüssel* $\mathbf{E_A}$ *von Dr. Abele überprüft, ob* **m** *und* $\mathbf{D_A(m)}$ *zusammenpassen.*

Beim bekanntesten Signaturverfahren, dem RSA-Algorithmus (siehe Abschnitt **5.3**) erfolgt die Verifizierung so, daß *man* $\mathbf{E_A}$ *auf die signierte Nachricht* $\mathbf{D_A(m)}$ *anwendet und überprüft, ob die folgende Gleichung gilt*:

$$\mathbf{E_A(D_A(m)) = m.}$$

In einem solchen Falle gibt es manchmal noch eine andere Möglichkeit der Verifikation einer elektronischen Unterschrift: Der Unterschreibende veröffentlicht nur $\mathbf{D_A(m)}$, nicht aber die Nachricht **m**. *Wenn der Verifizierende beim Anwenden von* $\mathbf{E_A}$ *eine sinnvolle Nachricht erhält (etwa einen Teil eines Rezepts), so läßt er das als Beweis für die Korrektheit der elektronischen Unterschrift gelten.* (Dies setzt natürlich voraus, daß **m** auch eine „sinnvolle" Nachricht ist, und nicht etwa nur eine zufällige Folge von Sym-

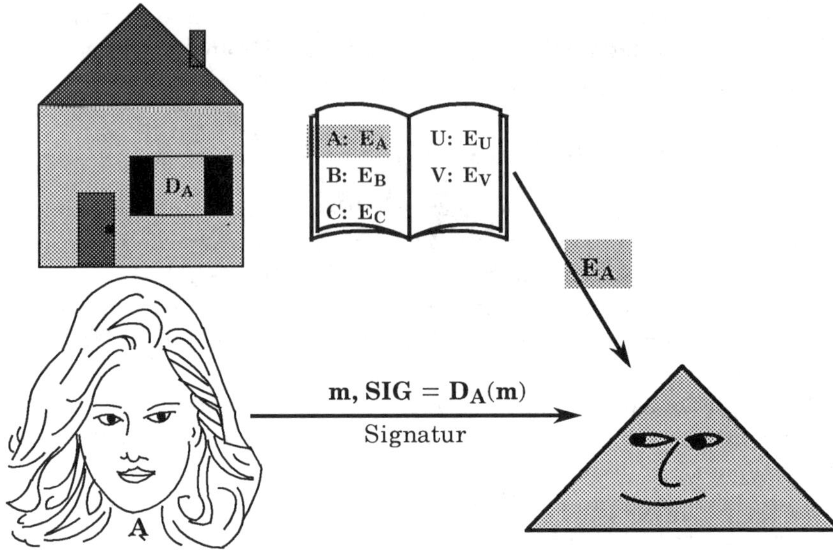

Unterschreibt
die Nachricht **m**
mit **A**s geheimem
Schlüssel $\mathbf{D_A}$.

Verifiziert
die Signatur $\mathbf{D_A(m)}$
mit **A**s öffentlichem
Schlüssel $\mathbf{E_A}$.

Bild 5.4 Asymmetrisches Signaturschema

bolen; diese Methode könnte also eingesetzt werden bei der Signatur natürlichsprachiger Texte.)

Man beachte, daß beim Erstellen und Verifizieren einer elektronischen Unterschrift nur Schlüssel, die zu dem Sender A gehören, benutzt wurden.

Jeder Teilnehmer kann die elektronische Unterschrift verifizieren, also nachweisen, wer diese Nachricht erstellt und signiert hat. Obwohl die heutige Rechtsprechung die elektronische Unterschrift nicht als Ersatz für die handschriftliche Unterschrift anerkennt, spricht aus logischer Sicht nichts dagegen, daß ein Richter seine Entscheidung auf die Gültigkeit einer elektronischen Unterschrift gründet: Es würde Frau Dr. Abele sehr schwer fallen, abzuleugnen, die entsprechende Nachricht signiert zu haben.

Der entscheidende Unterschied zur gewöhnlichen Unterschrift besteht darin, daß die elektronische Unterschrift $\mathbf{D_A(m)}$ untrennbar mit der Nachricht **m** verbunden ist. Demgegenüber wird die gewöhnliche Unterschrift ja der unterschriebenen Nachricht nur hinzugefügt. Als Konsequenz ergibt sich, daß man an der „unterschriebenen Nachricht" $\mathbf{D_A(m)}$

kein Iota ändern kann, ohne daß dies bemerkt würde. Wird nämlich an $\mathbf{D_A(m)}$ auch nur ein Bitchen geändert, so wird bei Anwendung des öffentlichen Schlüssels $\mathbf{E_A}$ die veränderte „unterschriebene Nachricht" $\mathbf{D_A(m)'}$ und der Klartext **m** in aller Regel nicht zusammenpassen.

*

Leider kann man das Prinzip der digitalen Unterschrift nicht mit dem Briefkastenbeispiel erklären. Denn das System muß die Eigenschaft haben, daß man die ursprüngliche Nachricht wieder erhält, wenn man zunächst den privaten und dann den öffentlichen Schlüssel anwendet. Im Beispiel würde das heißen, daß man zunächst einen Brief aus dem (leeren!) Briefkasten herausholt, und ihn dann wieder einwirft (Anwendung des öffentlichen Schlüssels), um einen offenen Briefkasten zu erhalten. Das Beispiel hinkt in diesem Fall deswegen so fürchterlich, weil hier die beiden Schlüsseloperationen nicht vertauschbar sind. Um diesem Mangel abzuhelfen, stellen wir nun einen Schließmechanismus vor, bei dem Aufschließen und Zuschließen vertauschbar sind; es handelt sich um den „asymmetrischen Riegel", einer Erfindung, die die Welt Herrn Peter A. **Schlaube** verdankt. Dieses technische Wunderwerk können Sie auf Bild 5.5 bewundern:

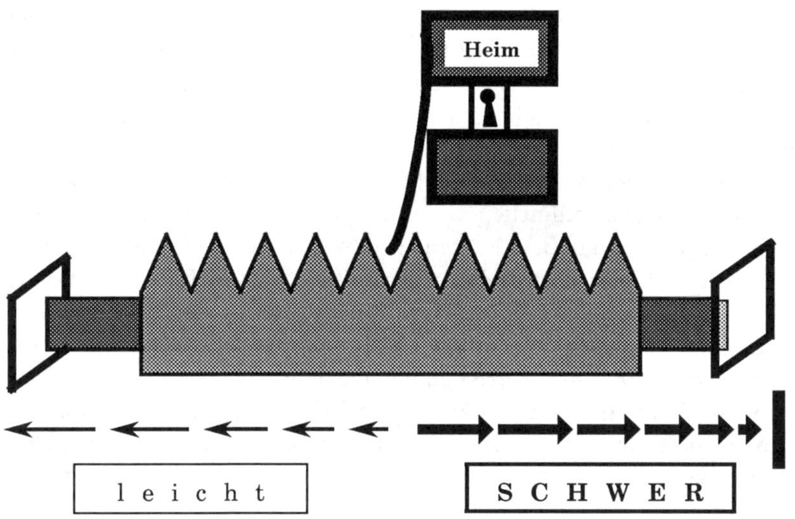

Bild 5.5 Der asymmetrische Riegel

Sie sehen einen Riegel, der beidseitig schließt, d.h. sowohl, wenn er nach rechts geschoben wird, als auch wenn er nach links geschoben wird.

Die Schieberichtung ist allerdings (für den Normalverbraucher) vorgegeben: Eine Blattfeder sichert, daß der Riegel nur linksseitig schließt. Der Eigentümer allerdings (in unserem Beispiel Frau G. E. Heim) kann mit ihrem Privatschlüssel den Sperrblock wegschließen und dann den Riegel unschwer nach rechts schieben.

Stellen wir uns vor, die Briefkästen in unserem Beispiel seien alle mit einem solchen asymmetrischen Riegel versehen. Das bedeutet, daß jeder Briefkasten geöffnet werden muß, um einen Brief einwerfen zu können — und daß dieses Öffnen durch einen asymmetrischen Riegel abgesichert ist. Wenn nun Frau Heim ein Dokument signieren will, so geht sie folgendermaßen vor: Sie legt das Dokument in ihren Briefkasten und schließt diesen, indem sie (nachdem sie zuvor den Sperrblock gelöst hat) den Riegel nach *rechts* schiebt. Anschließend setzt sie den Sperrmechanismus wieder in Kraft. Nun kann jeder ausprobieren, ob dieser verschlossene Briefkasten ein signiertes Dokument darstellt: Dies ist genau dann der Fall, wenn der Briefkasten dadurch geöffnet werden kann, daß der Riegel nach *links* geschoben wird (Anwenden des öffentlichen Schlüssels).

Sie haben bestimmt bemerkt, daß es in diesem Fall ein Problem ist, jedem zu erlauben, die Unterschrift zu verifizieren. Denn wenn die Unterschrift einmal verifiziert ist (d.h., wenn der Riegel einmal nach links geschoben wurde), so kann kein anderer diese Unterschrift mehr verifizieren.

Wenn nur eine Person, etwa Herr P.-U. Blick die Unterschrift von Frau Heim überprüfen können soll, so muß sie folgendermaßen vorgehen: Sie unterschreibt die Nachricht (d.h. sie steckt die Nachricht in ihren Briefkasten, öffnet die Sperre und schließt den Briefkasten, indem sie den Riegel nach rechts schiebt). Nun verschlüsselt Frau Heim die unterschriebene Nachricht mit dem öffentlichen Schlüssel von Herrn Blick; Dazu gibt sie ihren verschlossenen Briefkasten in den (gigantischen) Briefkasten von Herrn Blick und verschließt den äußeren Briefkasten, indem sie den Riegel nach links schiebt. Dann kann Herr Blick (und nur er!) die verschlüsselte unterschriebene Nachricht mit seinem geheimen Schlüssel entschlüsseln, erhält damit die unterschriebene Nachricht und kann schließlich die Unterschrift verifizieren, indem er den öffentlichen Schlüssel von Frau Heim darauf anwendet. Uff! Wir verzichten darauf, dies zeichnerisch nachzuvollziehen.

5.3 Der RSA-Algorithmus

Der Leser wird bei aller Faszination, die diese Überlegungen zweifellos ausstrahlen, nun doch endlich wissen wollen, ob es konkrete Realisierungen eines asymmetrischen Verschlüsselungsverfahrens gibt. Denn so schön und technisch ausgefeilt die Schloß- und Riegelbeispiele sind, so werden sie doch einen Menschen, der Sicherung elektronisch übermittelter und gespeicherter Daten betreibt, nicht restlos befriedigen. Gibt es eine 'echte' Realisierung asymmetrischer Kryptosysteme?

> *1977 nahmen die drei Personen, die den spektakulärsten Einzelbeitrag zur public-key-Kryptographie leisten sollten, Ronald Rivest, Adi Shamir und Leonard Adleman, die Herausforderung an und produzierten ein alle Erwartungen erfüllendes public-key-Kryptosystem. Der Prozeß dauerte mehrere Monate, wärend derer Rivest Vorschläge machte, Adleman sie angriff und Shamir sich erinnert, zu beidem beigetragen zu haben. Im Mai 1977 wurden sie mit Erfolg gekrönt. Sie hatten entdeckt, wie ein einfaches Stück klassischer Zahlentheorie benutzt werden konnte, das Problem zu lösen.* [Dif88]

Es gibt eine ganze Reihe von asymmetrischen Kryptosystemen, zum Beispiel den Diffie-Hellman-Schlüsselaustausch (siehe Abschnitt **5.4**), der als erster publiziert wurde, aber keiner ist so berühmt und so heiß diskutiert wie der **RSA-Algorithmus**.

Um diesen Algorithmus zu beschreiben, brauchen wir ein bißchen Mathematik, insbesondere einen Satz des Schweizer Mathematikers Leonhard **Euler** (1707 bis 1783) über eine Eigenschaft natürlicher Zahlen. Für das weitere Verständnis sind nur die Ergebnisse der folgenden beiden Abschnitte wichtig, nicht die Einzelheiten der Erörterungen. Sie können die Abschnitte **5.3.1** und **5.3.2** getrost überblättern. Sollten Sie anschließend doch noch Genaueres über den tatsächlichen Ablauf wissen wollen, steht Ihnen selbstverständlich die Möglichkeit offen, zurückzublättern und diese Abschnitte genau zu studieren.

5.3.1 Ein Satz von Euler

Der RSA-Algorithmus ist eine direkte Anwendung des Satzes von Euler.

Für eine natürliche Zahl n definieren wir $\phi(n)$ als die Anzahl der zu n teilerfremden natürlichen Zahlen, die nicht größer als n sind. Wir suchen also alle natürlichen Zahlen $\leq n$, deren größter gemeinsamer Teiler mit n gleich 1 ist. Das klingt komplizierter als es ist; überlegen wir uns einige Beispiele:

$$\phi(1) = 1, \phi(2) = 1, \phi(3) = 2, \phi(4) = 2, \phi(6) = 2, \phi(10) = 4, \phi(15) = 8.$$

(Die letzte Aussage folgt so: Die zu 15 teilerfremden Zahlen ≤ 15 sind: 1, 2, 4, 7, 8, 11, 13 und 14. Das sind 8 Zahlen; also ist $\phi(15) = 8$)

Nun machen wir uns einige allgemeine Aussagen klar:

1. *Ist* p *eine Primzahl, so ist*

$$\phi(p) = p-1;$$

denn jede der p–1 Zahlen 1, 2, 3, . . ., p–1 ist teilerfremd zu p.

2. *Sind* p *und* q *zwei verschiedene Primzahlen, so ist*

$$\phi(pq) = (p-1)(q-1).$$

Dies folgt so: Es gibt insgesamt genau pq–1 natürliche Zahlen, die kleiner als pq sind. Nun zählen wir, wieviele von diesen *nicht* teilerfremd zu pq sind. Das sind zum einen die q–1 Vielfachen von p, also

$$p, 2p, 3p, \ldots, (q-1)p,$$

und zum andern die p–1 Vielfachen

$$q, 2q, 3q, \ldots, (p-1)q.$$

von q. Da dies alle Zahlen zwischen 1 und pq sind, die *nicht* teilerfremd zu pq sind, ergibt sich

$$\phi(pq) = pq-1-(q-1)-(p-1) = pq-q-p+1 = (p-1)(q-1).$$

Nun können wir den **Satz von Euler** formulieren:

Sind m *und* n *zwei natürliche Zahlen, die teilerfremd sind, so gilt*

$$m^{\phi(n)} \text{ MOD } n = 1.$$

Für unsere Zwecke ist derjenige Fall besonders wichtig, in dem n das Produkt zweier verschiedener Primzahlen ist. Wegen der obigen Aussage 2 gilt in diesem Fall:

Sei m *eine natürliche Zahl, die teilerfremd zu den beiden verschiedenen Primzahlen* p *und* q *ist. Dann gilt:*

$$m^{(p-1)(q-1)} \text{ MOD } pq = 1.$$

Wir halten uns hier nicht mit dem (nicht allzu schwierigen) Beweis dieses Satzes auf. (Einen Beweis finden Sie in jedem Buch über Zahlentheorie, etwa in [Fre84] oder [Pad89].) Wir wollen uns aber die Aussage des Satzes an zwei Beispielen klar machen: Einerseits kann man die Aussage

$$5^{\phi(6)} \text{ MOD } 6 = 5^2 \text{ MOD } 6 = 25 \text{ MOD } 6 = 1$$

noch ziemlich leicht einsehen; andererseits sagt einem der Satz aber auch, daß die folgende völlig unkontrollierbare Beziehung richtig ist:

$$31^{792} \text{ MOD } 851 = 31^{22\cdot 36} \text{ MOD } 851$$

$$= 31^{\Phi(23 \cdot 37)} \text{ MOD } 851 = 31^{\Phi(851)} \text{ MOD } 851 = 1.$$

5.3.2 Der euklidische Algorithmus

Wir werden den euklidischen Algorithmus benutzen, um den öffentlichen und den privaten Schlüssel der Teilnehmer zu berechnen. Das ursprüngliche Ziel des euklidischen Algorithmus ist es, den größten gemeinsamen Teiler **ggT(a,b)** zweier natürlicher Zahlen a und b ($a \geq b$) zu berechnen. Vielleicht denken Sie: Es ist doch ganz einfach, den größten gemeinsamen Teiler zu bestimmen: Man nehme die Primfaktorzerlegung von a und b her, und suche sich die gemeinsamen Faktoren. Auf den ersten Blick (das heißt: bei kleinen Zahlen) scheint diese Methode auch gut zu sein. Wir werden aber im weiteren Verlauf dieses Kapitels zweierlei lernen:

1. Es ist äußerst schwierig, die Primfaktorzerlegung einer (großen) natürlichen Zahl zu finden.

2. Es ist mit dem euklidischen Algorithmus sehr einfach, den größten gemeinsamen Teiler zu ermitteln. Dieser zweiten Behauptung wollen wir uns zuerst zuwenden.

5.3.2.1 Berechnung des ggT

Wir beginnen mit einem Beispiel.

Sei $a = 792, b = 75$.

$$792 = 10 \cdot 75 + \mathbf{42}$$
$$75 = 1 \cdot 42 + \mathbf{33}$$
$$42 = 1 \cdot 33 + \mathbf{9}$$
$$33 = 3 \cdot 9 + \mathbf{6}$$
$$9 = 1 \cdot 6 + \mathbf{3}$$
$$6 = 2 \cdot 3.$$

Also ist **3** der größte gemeinsame Teiler von 792 und 75. Dies erkennt man am einfachsten durch Betrachten des allgemeinen Schemas:

$$r_0 = a$$
$$r_1 = b$$
$$r_0 = q_1 \cdot r_1 + r_2 \qquad 0 < r_2 < r_1$$
$$r_1 = q_2 \cdot r_2 + r_3 \qquad 0 < r_3 < r_2$$
$$\ldots \qquad \ldots$$
$$r_{i-1} = q_i \cdot r_i + r_{i+1} \qquad 0 < r_{i+1} < r_i$$
$$\ldots \qquad \ldots$$
$$r_{n-2} = q_{n-1} \cdot r_{n-1} + \mathbf{r_n} \qquad 0 < r_n < r_{n-1}$$
$$r_{n-1} = q_n \cdot r_n.$$

Behauptung: Die so bestimmte Zahl $\mathbf{r_n}$ ist der größte gemeinsame Teiler von a und b. Um das einzusehen, muß man sich zwei Dinge überlegen:

(1) r_n teilt a und b (d.h. r_n ist ein *gemeinsamer* Teiler),

(2) jede Zahl z, die a und b teilt, teilt auch r_n (d.h. r_n ist der *größte* gemeinsame Teiler).

Um (1) einzusehen, müssen wir das Gleichungssystem von unten nach oben durchlaufen:

Da $r_{n-1} = q_n \cdot r_n$ ist, ist r_n ein Teiler von r_{n-1}.

Also teilt r_n auch $q_{n-1} \cdot r_{n-1} + r_n$, und damit r_{n-2}.

...

... Also teilt r_n auch r_i (und r_{i+1}) und damit r_{i-1}.

...

Schließlich teilt r_n die Zahlen r_1 (= b) und r_0 (= a).

Also ist r_n wirklich ein gemeinsamer Teiler von a und b.

Um (2) nachzuweisen, müssen wir die Gleichungskette von oben nach unten durchwandern. Dies soll hier nicht ausgeführt werden; der Leser sei auf die Übungsaufgabe **3** verwiesen.

Für Informatikfreaks (und zur Vorbereitung von Übungsaufgabe **4**) soll der euklidische Algorithmus programmnah beschrieben werden:

```
Read a, b
While b ≠ 0 do
    r := a MOD b
    a := b, b : = r
Write a.
```

Der Vorteil dieser Darstellung ist (unter anderem), daß keine häßlichen und verwirrenden Indizes auftreten.

5.3.2.2 Berechnung der modularen Inversen

Für unsere Zwecke ist die folgende Aussage von größter Wichtigkeit:

Sei d *der größte gemeinsame Teiler der Zahlen* a *und* b. *Dann gibt es ganze Zahlen* x *und* y *mit der Eigenschaft, daß*

$$d = xa + yb$$

ist. Eine solche Darstellung nennt man **Vielfachsummendarstellung** des größten gemeinsamen Teilers d von a und b. Um x und y zu berechnen, müssen wir ein letztes Mal (ich verspreche es hiermit feierlich!) die euklidische Gleichungskette von unten nach oben inspizieren (man nennt dies den **erweiterten euklidischen Algorithmus**). Dabei ergibt sich sukzessive

$$
\begin{aligned}
\mathbf{d} &= r_n = r_{n-2} - q_{n-1} \cdot r_{n-1} = \mathbf{r_{n-2}} + (-q_{n-1}) \cdot \mathbf{r_{n-1}} \\
&= r_{n-2} - q_{n-1}(r_{n-3} - q_{n-2} \cdot r_{n-2}) = (-q_{n-1}) \cdot \mathbf{r_{n-3}} + [1 + q_{n-2} q_{n-1}] \cdot \mathbf{r_{n-2}} \\
&= [1 + q_{n-2} q_{n-1}](r_{n-4} - q_{n-3} \cdot r_{n-3}) - q_{n-1} \cdot r_{n-3} \\
&= [\ldots] \cdot \mathbf{r_{n-4}} + [\ldots] \cdot \mathbf{r_{n-3}} \\
&= \ldots \\
&= x \cdot \mathbf{r_0} + y \cdot \mathbf{r_1} = x \cdot \mathbf{a} + y \cdot \mathbf{b}.
\end{aligned}
$$

Die Ausdrücke werden immer häßlicher, aber auch bei der wildesten Klammer handelt es sich um eine gewöhnliche ganze Zahl, das ist ein gewisser Trost. Überzeugen Sie sich selbst davon, daß dieses Verfahren weit weniger furchterregend ist als es aussieht: Lösen Sie die Übungsaufgaben **5** und **6**.

*

Die nächste Folgerung ist die (für unsere Absichten) wichtigste Aussage dieses Abschnitts.

Sind a *und* b **teilerfremde** *Zahlen (das bedeutet, daß ihr größter gemeinsamer Teiler* 1 *ist), so gibt es eine ganze Zahl* c *mit der Eigenschaft*

$$b \cdot c \text{ MOD } a = 1.$$

Das bedeutet, daß $b \cdot c$ geteilt durch a den Rest 1 hat. Vornehm ausgedrückt: b ist **modulo** a **invertierbar**.

Diese Tatsache folgt ganz einfach: Mit den obigen Bezeichnungen ist $d = r_n = 1$. Also gibt es ganze Zahlen x und y mit folgender Eigenschaft:

$$1 = d = a \cdot x + b \cdot y.$$

Da $a \cdot x$ durch a teilbar ist, ergibt $b \cdot y$ bei Division durch a den Rest 1, also ist

$$b \cdot y \text{ MOD } a = 1.$$

Mit $c = y$ folgt die Behauptung.

*

Die Herleitungen dieses Abschnitts mögen Ihnen vielleicht langwierig vorgekommen sein. Deshalb seien die Erkenntnisse, die wir erhalten haben, noch einmal betont:

- *Der euklidische Algorithmus kann von einem Rechner äußerst bequem ausgeführt werden.*

• *Der größte gemeinsame Teiler zweier Zahlen kann einfach berechnet werden. Insbesondere kann leicht entschieden werden, ob zwei Zahlen den größten gemeinsamen Teiler* 1 *haben.*

• *Sind* a *und* b *teilerfremd, so kann man leicht eine Zahl* c *berechnen mit der Eigenschaft*

$$b \cdot c \text{ MOD } a = 1.$$

5.3.3 Schlüsselerzeugung

Bevor wir nun die RSA-Verschlüsselung beschreiben, müssen wir die Voraussetzungen an das System klären. Zunächst muß jeder Teilnehmer ein Schlüsselpaar erhalten.

Dazu wählt eine Schlüsselvergabestelle für jeden Teilnehmer zwei große Primzahlen p und q und bildet ihr Produkt

$$n = pq.$$

Sodann berechnet sie

$$\phi(n) = \phi(pq) = (p-1)(q-1).$$

(siehe Abschnitt **5.3.2**). Schließlich sucht sie zwei Zahlen e und d mit

$$e \cdot d \text{ MOD } \phi(n) = 1.$$

Danach werden dem Teilnehmer die Zahlen e und n als **öffentlicher Schlüssel** und die Zahl d als **geheimer Schlüssel** mitgeteilt.

Bemerkungen.

• Kein Teilnehmer T braucht persönlich seine geheimen Parameter p, q und $\phi(n)$ zu kennen. Dies ist vielleicht sogar ratsam, da es entscheidend ist, daß die anderen Teilnehmer diese Daten nicht erfahren, da sie sonst ohne Probleme den geheimen Schlüssel von T ausrechnen könnten.

Aus diesem Grund haben wir die Schlüsselerzeugung nicht dem einzelnen Teilnehmer überlassen. Wir nehmen an, daß die Schlüsselvergabestelle die Daten, die zur Erzeugung eines Schlüsselpaares notwendig waren, sofort nach Auslieferung des Schlüssels löscht.

• Eine der beiden Zahlen e und d, sinnvollerweise e, kann frei gewählt werden, um so die Berechnung der Potenzen m^e MOD n zu erleichtern. Beispielsweise wurde mehrfach vorgeschlagen, die vierte **Fermat-Zahl** $F_4 = 2^{2^4} + 1 = 2^{16} + 1 = 65.537$ für e zu wählen. Diese Zahl lautet in binärer Darstellung einfach 1 0000 0000 0000 0001; daher ist es vergleichsweise nicht schwierig, mit dieser Zahl zu potenzieren (vergleiche dazu Übungsaufgabe **10.**) In einem solchen Fall müssen die Teilnehmer natürlich verschiedene Moduli n haben; damit ist dann aber schon gewährleistet, daß ihre geheimen Schlüssel verschieden sind.

- Wo liegen Probleme bei der Schlüsselerzeugung? Einfachere Frage: Wo liegen die Probleme *nicht*? Sie liegen nicht in der Berechnung von d und e. Man sucht sich nämlich zunächst ein e, das teilerfremd zu $\phi(n)$ ist (dazu kann man z.B. jede Primzahl wählen, die größer als $\phi(n)$ ist), und berechnet dann mit Hilfe des euklidischen Algorithmus die Zahl d (vergleiche Abschnitt **5.3.2**). Natürlich ist es auch kein Problem, $\phi(n)$ zu berechnen, *wenn man* p *und* q *kennt!*

Hier kommen wir dem eigentlichen Problem schon näher; dies besteht nämlich darin, Primzahlen p und q zu finden. Dies ist ja bekanntlich eines der Hauptprobleme der Mathematik. Sie alle werden die Berichte in den Zeitungen kennen, die davon künden, daß wieder mal jemand den alten Weltrekord für große Primzahlen überboten hat. Das macht Sie vielleicht dem RSA-Algorithmus gegenüber skeptisch; denn hier braucht man ja offenbar für jeden Benutzer zwei Primzahlen, d.h. man braucht Primzahlen wie Sand am Meer. Wenn Sie dann noch daran denken, daß die Primzahlen, die hier zur Verwendung kommen sollen, eine Größe von 200 Dezimalstellen haben, wird Ihnen vielleicht doch ziemlich blümerant zu Mute. In Wirklichkeit macht man sich das Leben natürlich einfach: Man wählt nämlich für p und q gar keine 'echten' Primzahlen, sondern nur **Pseudoprimzahlen**. Das sind solche Zahlen, die alle leicht nachprüfbaren Primzahlkriterien erfüllen. Wir wollen das hier nicht vertiefen, sondern verweisen auf die Spezialliteratur [Gor85] und auch [Mau90].

5.3.4 Wie benutzt man den RSA-Algorithmus?

Soll an Frau G.E. Heim eine Nachricht geschickt werden, so muß man zunächst ihren öffentlichen Schlüssel in Erfahrung bringen. Dieser besteht, wie wir erörtert haben, aus dem **Modul** n und dem **Exponenten** e.

Nun wird die Nachricht dargestellt in Form einer oder mehrerer natürlicher Zahlen $m \le n$. Dies kann man auf mehrere Arten erreichen. Eine Methode ist die folgende. Die Nachricht möge aus Buchstaben, Ziffern und Sonderzeichen (Punkt, Komma, Zwischenraum, usw.) bestehen. Jedes solche Zeichen kann durch ein bestimmtes Muster aus acht Bits (Nullen und Einsen) dargestellt werden. Meist wird hierzu das Standardsystem **ASCII** (gesprochen Asskie, **A**merican **S**tandard **C**ode for **I**nformation **I**nterchange) (siehe etwa [BP82]) benutzt.

Tabelle 5.1 Einige ASCII-Zeichen

ASCII- Zeichen	Binäre Form	ASCII- Zeichen	Binäre Form
Zwischenraum	00100000	H	01001000
!	00100001	I	01001001
0	00110000	J	01001010
1	00110001	K	01001011
2	00110010	L	01001100
3	00110011	M	01001101
4	00110100	N	01001110
5	00110101	O	01001111
6	00110110	P	01010000
7	00110111	Q	01010001
8	00111000	R	01010010
9	00111001	S	01010011
A	01000001	T	01010100
B	01000010	U	01010101
C	01000011	V	01010110
D	01000100	W	01010111
E	01000101	X	01011000
F	01000110	Y	01011001
G	01000111	Z	01011010

In Tabelle 5.1 finden Sie einige ASCII-Zeichen. Zum Beispiel wird die Aussage

ALLES KLAR!

übersetzt in

01000001 01001100 01001100 01000101 01010011 00100000
01001011 01001100 01000001 01010010 00100001

Damit ist klar, wie man Nachrichten als Folgen von Nullen und Einsen darstellen kann. Die Übersetzung einer solchen Folge in natürliche Zahlen ist dann einfach: Wenn n eine 512-Bit Zahl ist (dies ist eine typische Größenordnung), so faßt man jeweils 64 Zeichen zusammen und erhält dadurch Blöcke von $64 \cdot 8 = 512$ Bit. Jede dieser Bitfolgen wird dann als binäre Darstellung einer natürlichen Zahl m interpretiert.

Uns braucht die Art der Codierung aber nicht zu kümmern. Wir nehmen einfach an, daß unsere Nachricht eine natürliche Zahl $m \leq n$ ist.

Eine solche Zahl m wird nun **verschlüsselt**, indem sie mit e potenziert und dann modulo n reduziert wird. Mit anderen Worten: Ist

$$c = m^e \text{ MOD } n,$$

so ist die Zahl c der zum Klartext m gehörige Geheimtext.

Wie wird aber **entschlüsselt**? Dies muß ja so geschehen, daß nur der Empfänger, Frau Heim, dies tun kann. Sie macht dies, indem sie ihren geheimen Schlüssel d auf den Geheimtext c anwendet. Genauer gesagt geht sie wie folgt vor: Ist

$$m' = c^d \text{ MOD } n,$$

so dechiffriert Frau Heim den empfangenen Geheimtext c zu m'.

Eine Frage tut sich an dieser Stelle sofort auf: Für Frau Heim ist dieser Dechiffrieralgorithmus natürlich nur dann von Wert, wenn korrekt dechiffriert wird, d.h. wenn ihr der ursprüngliche Klartext wieder geliefert wird, wenn also $m' = m$ ist. Daß dies so ist, wird in dem folgenden Satz festgestellt:

Satz. *Für jede natürliche Zahl* $m \leq n$ *gilt* $m' = m$. *Mit anderen Worten: Der oben angegebene Dechiffrieralgorithmus arbeitet korrekt.*

Der *Beweis* dieser Tatsache erfolgt in mehreren Schritten. Zur Einstimmung beweisen wir den einfach nachzurechnenden

Schritt 0.

$$m' = c^d \text{ MOD } n = m^{e \cdot d} \text{ MOD } n.$$

Das heißt: Der Dechiffrieralgorithmus arbeitet genau dann korrekt, wenn

$$m^{e \cdot d} \text{ MOD } n = m \quad \text{für alle natürlichen Zahlen } m$$

gilt.

Schritt p. Es gilt

$$(m^{e \cdot d} - m) \text{ MOD } p = 0 \quad \text{für alle natürlichen Zahlen } m.$$

Um das zu sehen, erinnern wir uns zunächst daran, daß e und d so gewählt sind, daß

$$e \cdot d \text{ MOD } \phi(n) = 1$$

gilt. Es gibt also eine nichtnegative ganze Zahl k mit

$$e \cdot d = 1 + k \cdot \phi(n) = 1 + k \cdot (p-1)(q-1),$$

da $\phi(n) = \phi(pq) = (p-1)(q-1)$ ist.

Nun wenden wir den Satz von Euler in seiner einfachsten Form, das heißt im Fall $k = p$ an (in dieser Situation wird dieser Satz auch der „kleine Satz von Fermat" genant). Dazu hätten wir gern, daß m und p teilerfremd sind. Das ist im allgemeinen natürlich nicht richtig, da die Behauptung ja für alle Zahlen m gelten soll. Was passiert also, wenn m und p nicht teilerfremd sind? Da p eine Primzahl ist, muß dann notwendigerweise p ein Teiler von m sein. Das heißt aber

$$m \text{ MOD } p = 0.$$

Wenn p die Zahl m teilt, so teilt p erst recht die Zahl $m^{e \cdot d}$. Also ist auch

$$m^{e \cdot d} \text{ MOD } p = 0.$$

Also teilt p sowohl m als auch $m^{e \cdot d}$; daraus folgt

$$(m^{e \cdot d} - m) \text{ MOD } p = 0.$$

Also gilt unsere Behauptung in diesem Spezialfall, und wir können („o.B.d.A.", („ohne Beschränkung der Allgemeinheit"), wie der Mathematiker weise bemerken würde) wirklich voraussetzen, daß m und p teilerfremd sind.

Dann sagt der Satz von Euler

$$m^{\phi(p)} \text{ MOD } p = 1.$$

Da $\phi(p) = p-1$ ist, ergibt sich daraus sukzessive

$$\begin{aligned} m^{e \cdot d} \text{ MOD } p &= m^{1+k \cdot \phi(n)} \text{ MOD } p = m \cdot m^{k \cdot \phi(n)} \text{ MOD } p \\ &= m \cdot m^{k \cdot (q-1)(p-1)} \text{ MOD } p = m \cdot (m^{p-1})^{k \cdot (q-1)} \text{ MOD } p \\ &= m \cdot 1^{k \cdot (q-1)} \text{ MOD } p = m \text{ MOD } p. \end{aligned}$$

Also gilt die Behauptung von Schritt p für alle natürlichen Zahlen m.

Wie der nächste Schritt lautet, ist wohl jedem klar; wir verzichten auf den Beweis:

Schritt q. Für jede natürliche Zahl m gilt

$$(m^{e \cdot d} - m) \text{ MOD } q = 0.$$

Es ist nun nicht mehr schwer, die beiden vorigen Schritte zusammenzuführen, und so die Behauptung des Satzes zu beweisen.

Schritt n. Es gilt

$$m^{e \cdot d} \text{ MOD } n = m, \text{ also } m' = m$$

Das folgt wie folgt: Nach den Schritten p und q gilt:

$$p \text{ teilt } (m^{e \cdot d} - m) \text{ und } q \text{ teilt } (m^{e \cdot d} - m).$$

Die beiden Primzahlen p und q teilen also dieselbe Zahl $z := m^{e \cdot d} - m$. Da p und q *verschiedene* Primzahlen sind, muß dann auch ihr Produkt $p \cdot q$ die Zahl z teilen. Wenn wir das wieder zurückübersetzen, erhalten wir die Aussage

$$m^{e \cdot d} \text{ MOD } p \cdot q = m, \text{ oder } m^{e \cdot d} \text{ MOD } n = m.$$

Das ist die Aussage von Schritt n, und damit ist auch die Aussage des Satzes bewiesen.

5.3.5 Die Stärke des RSA-Algorithmus

Im vorigen Abschnitt haben wir uns klargemacht, daß der Empfänger einer Nachricht diese korrekt dechiffrieren kann. Aber warum sollte dies nur der Empfänger können? Die Antwort scheint einfach zu sein: Zum Dechiffrieren braucht man ja den geheimen Schlüssel d — und dieser befindet sich allein in der Hand des Empfängers!

Wie gesagt, die Antwort *scheint* einfach zu sein. Denn man sollte zwei Fragen stellen:

Kann man aus der Kenntnis des öffentlichen Schlüssels den geheimen ableiten? Es ist klar, daß man für den oben beschriebenen Dechiffrieralgorithmus den geheimen Schlüssel braucht. Aber es könnte ja sein, daß es *grundsätzlich andere Dechiffrierverfahren* gibt. Die zweite Frage lautet also: *Kann man dechiffrieren, ohne den geheimen Schlüssel zu benutzen?*

Wir werden beide Fragen diskutieren, aber — das sei jetzt schon verraten — ohne zu einer endgültigen Klärung zu kommen.

Wir gehen davon aus, daß jedermann den öffentlichen Schlüssel, also die Zahlen e und n kennt. Um dechiffrieren zu können, müßte Mr. X die „e-te modulare Wurzel" aus einer Zahl (nämlich dem Geheimtext) berechnen. Eine Möglichkeit, dies zu tun, besteht darin, den geheimen Schlüssel, also die Zahl d, zu berechnen und den Geheimtext mit d zu potenzieren.

Wenn Mr. X auch die Zahl $\phi(n)$ kennen würde, so hätte er leichtes Spiel: Er könnte dann nämlich genauso vorgehen wie die Schlüsselvergabezentrale und mit Hilfe des euklidischen Algorithmus die Zahl d berechnen.

So weit, so gut. Wir haben das Problem darauf reduziert, die Zahl $\phi(n)$ zu berechnen. Wie könnte Mr. X das bewerkstelligen? Wenn er n in seine Primfaktoren p und q zerlegen könnte, so wäre (für ihn) alles gut. Dann hätte er $n = p \cdot q$ und folglich $\phi(n) = (p-1)(q-1)$. Interessanterweise ist auch die Umkehrung richtig: Wenn man n und $\phi(n)$ kennt, dann kann man n faktorisieren! (In dieser Situation gelten nämlich die folgenden Gleichungen in den Unbekannten p und q:

$$p \cdot q = n, \text{ und } (p-1)(q-1) = \phi(n),$$

und man kann daraus die Unbekannten p und q bestimmen.) Zusammenfassend können wir also feststellen: *Ist eine natürliche Zahl* n *das Produkt zweier Primzahlen, so bedeutet es dasselbe,* $\phi(n)$ *zu berechen oder* n *zu faktorisieren.*

Es ist also alles ganz einfach — wenn Mr. X die Zahl n faktorisieren kann. Und genau hier liegt der Hase im Pfeffer! Mit ungeübtem Auge ist das freilich auf den ersten Blick gar nicht zu sehen; denn landläufig geht man ja von der Vorstellung aus, daß es kein Problem ist, Zahlen, wie zum Beispiel 72, 123 oder auch 221, zu zerlegen. Schon, bloß bei etwas „größeren" Zahlen, wie etwa 1763 oder 8633 wird es doch schwieriger. Und wenn man daran denkt, daß beim RSA-Algorithmus die Zahl n etwa 200 Dezimalstellen haben sollte, merkt man schon rein gefühlsmäßig, daß Faktorisieren von großen Zahlen ein sehr schwieriges Problem sein dürfte.

Nun muß ich zu meiner Schande bekennen, daß auch die Mathematik, die für solche Probleme ja zuständig ist, nicht viel mehr als dieses Gefühl äußern kann — allerdings außerordentlich präzise.

Was kann die Mathematik zu diesem Problem Positives sagen? Wie kann man eine große Zahl n faktorisieren? Nun, man kann systematisch probieren. Das heißt, daß man für jede Zahl $m \leq n$ testet, ob sie ein Teiler von n ist oder nicht. Natürlich muß man nicht alle Zahlen durchprobieren: Man kann sich auf Primzahlen beschränken und man muß auch nur die Zahlen von 2 bis $\sqrt{n}$ testen. (Denn wenn $n = p \cdot q$ ist, so ist $p \leq \sqrt{n}$ oder $q \leq \sqrt{n}$.) Das ist ein sicheres Verfahren, aber ein sehr, sehr langwieriges. Zum Beispiel muß man, um eine 200-stellige Zahl zu testen, im schlimmsten Fall alle Primzahlen zwischen 2 und 10^{100} durchprobieren.

Die Mathematiker waren natürlich nicht faul und haben sich viel kompliziertere Sachen als diesen simplen Algorithmus einfallen lassen. Aber: Für unser Problem nützen alle diese schwierigen Algorithmen (fast) nichts.

Zwei Beispiele mögen das illustrieren: Am 15. Juni 1990 verkündeten Arjen K. **Lenstra** und Mark S. **Manasse**, daß sie die „neunte Fermatzahl" $F_9 = 2^{2^9}+1 = 2^{512}+1$ vollständig in ihre Primfaktoren zerlegen konnten!

Ein noch sensationelleres Ergebnis wurde am 27. April 1994 publiziert: Derek **Atkins**, Michael **Graff**, Arjen **Lenstra** und Paul **Leyland** hatten eine 129-stellige RSA-Zahl faktorisiert! (Diese Zahl, ein Produkt zweier sorgfältig ausgesuchter Primzahlen, war eine jahrelange Herausforderung gewesen!) Neben neuen mathematischen Erkenntnissen war für diese Erfolge entscheidend, daß es gelang, das Problem so in Teilprobleme zu zerlegen, daß die Arbeit verteilt werden konnte. Mitarbeiter in aller Welt lösten die ihnen zugedachte Häppchen und schickten das Ergebnis per e-mail zurück. Zum Beispiel arbeiteten am zweiten Problem etwa 600 Menschen aus über 20 Ländern acht Monate lang. Dies zeigt auch den enormen Aufwand, der für eine Faktorisierung so großer Zahlen notwendig ist.

Diese Erfolge wurden auch der interessierten Öffentlichkeit zugänglich gemacht (siehe etwa [Fri90]) und lösten eine heftige Debatte über die Sicherheit des RSA-Algorithmus und verwandter Algorithmen aus. Mitarbeiter der Faktorisierungsfactory und Gegner des RSA-Algorithmus jubelten und sahen sich bestätigt, während Skeptiker und Befürworter des RSA-Algorithmus zu Recht zu bedenken gaben, daß niemand so „kleine" Zahlen als Moduli im RSA-Algorithmus verwenden würde.

Wir halten die folgenden Punkte fest.

- Kein Mensch hat bis jetzt einen guten (das heißt „polynomialen") Faktorisierungsalgorithmus gefunden. Darauf gründen manche Leute ihren Glauben, daß es keinen guten Faktorisierungsalgorithmus gebe. Mit den derzeitigen Methoden scheinen „allgemeine Zahlen" mit etwa 150 Dezimalstellen unangreifbar zu sein.
- Kann man wenigstens beweisen, daß man keinen guten Algorithmus finden kann? Nein, auch das hat man bis jetzt nicht geschafft. Etwas überspitzt gesagt: Das Faktorisierungsproblem ist so schwer, daß man nicht einmal beweisen kann, daß es schwer ist!
- Die Antwort auf die Frage, wieviel Bit der Modul n haben muß, um sicher gegen eine Faktorisierungsattacke zu sein, ist nach wie vor eine Glaubensfrage. Die RSA-Anhänger argumentieren, daß bis jetzt keine 512 Bit lange RSA-Zahl faktorisiert sei und deswegen nichts dagegen spreche, bis auf weiteres Moduli der Länge 512 zu verwenden; demgegenüber weisen die Faktorisierungsfreaks auf den rasanten Fortschritt bei der Faktorisierung hin und meinen: Wenn schon RSA, dann bitte mit 1024 Bit!

Wir fassen zusammen: Eine Attacke auf den RSA wäre, die Zahl n zu faktorisieren. Darüberhinaus gilt: Bis jetzt ist keine andere erfolgversprechende Attacke bekannt! Das Faktorisierungsproblem gehört aber zu den schwierigsten Problemen der Mathematik. Daß man ernsthaft daran denkt, ein Kryptosystem einzuführen, dessen Stärke darauf basiert, daß es bis jetzt kein Mathematiker geschafft hat, einen vernünftigen Faktorisierungsalgorithmus anzugeben, ist eine massive Beleidigung der Mathematik.

Zum Schluß noch eine Frage: Über den RSA-Algorithmus wird unheimlich viel gesprochen und geschrieben — aber praktisch eingesetzt wird er noch nicht sehr häufig. Warum? Das liegt daran, daß man erst seit wenigen Jahren in der Lage ist, den RSA-Algorithmus vernünftig zu implementieren. Es gibt Softwareversionen, die für elektronische Unterschriften eingesetzt werden. Neuerdings sind auch RSA-Chips, sogar für Chipkarten, auf dem Markt. Diese schaffen es, eine RSA-Operation in weniger als einer halben Sekunde zu vollenden. Wenn man aber daran denkt, daß man im kommerziellen Bereich (etwa in „lokalen Netzen") mit 10 MBit/s (also 10 000 000 Bits pro Sekunde) arbeitet, so erkennt man, daß der RSA-Algorithmus noch lange nicht für Verschlüsselungszwecke, sondern hauptsächlich für das Schlüsselmanagement und für die elektronische Unterschrift eingesetzt werden wird. (Bei der Bildung einer elektronischen Unterschrift wird man nämlich sinnvollerweise den Text zunächst mittels einer Hashfunktion komprimieren und den Signaturalgorithmus nur auf das Komprimat anwenden; insofern sind dabei keine großen Datenmengen zu signieren.)

5.4 Schlüsselaustausch

Da die bisherigen Implementierungen von asymmetrischen Algorithmen immer noch ziemlich langsam sind, während es auf der anderen Seite gute und sehr schnelle symmetrische Algorithmen gibt, ist man schon frühzeitig auf die Idee gekommen, die Vorteile der beiden Systeme zu kombinieren. Die grundlegende Idee eines sogenannten **Hybridsystems** ist die folgende.

Im wesentlichen wird zum Verschlüsseln ein symmetrischer Algorithmus benutzt. Man verwendet ein asymmetrisches Verschlüsselungssystem nur für den Austausch der Schlüssel. Da die auszutauschenden Schlüssel Nachrichten von äußerst geringer Länge sind (typische Werte sind 56 oder 128 Bits), ist die schlechte Performance des asymmetrischen Verfahrens kein Flaschenhals für das Gesamtsystem. Außerdem werden Schlüssel relativ selten gewechselt. (Ein Schlüsselwechsel bei jeder Sitzung wird — obwohl dies in manchen Anwendungen wünschenswert wäre — in der Praxis nur sehr selten realisiert.)

Um einen geheimen Schlüssel k an Herrn Blick zu schicken, verschlüsselt man k mit Hilfe von Herrn Blicks öffentlichem Schlüssel. Dann kann

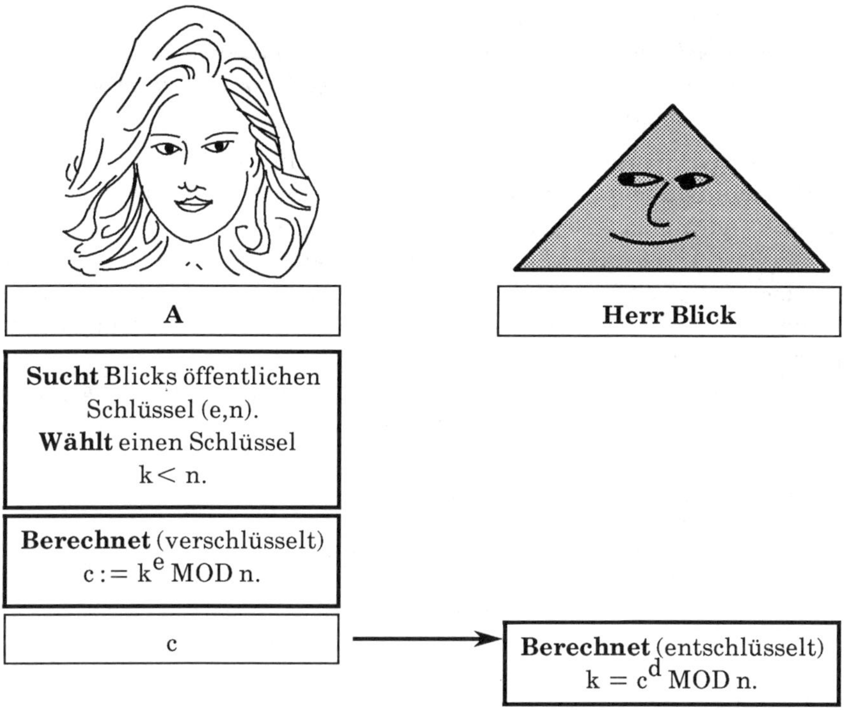

Bild 5.6 RSA-Schlüsselaustausch

Herr Blick den erhaltenen Wert c mit seinem geheimen Schlüssel entschlüsseln und erhält k (vergleiche Bild 5.6).

Diese Methode ist vollkommen; sie hat nur einen einzigen, winzigen, fast 'philosophischen' Nachteil: A wählt den Schlüssel und schickt ihn an B, um A und B die Kommunikation zu ermöglichen. Von einem höheren Standpunkt aus könnte man fordern, daß beide Partner einen Schlüssel *vereinbaren* sollten und nicht einer den Schlüssel auswählen sollte, um ihn dem anderen zu schicken. Bei einer idealen Schlüsselvereinbarung sollten beide Partner die gleiche Rolle spielen.

Überraschenderweise gibt es ein solches System. Noch überraschender: Es wurde in der allerersten Arbeit der public-key Kryptographie vorgeschlagen, in der berühmten „New Directions"-Arbeit von Diffie und Hellman [DH76]. Diffie [Dif88] schreibt:

> *Marty und ich spielten in unseren Gedanken und Diskussionen immer mit Exponenten herum und versuchten, sie hinzukriegen. An einem frühen Morgen im Mai 1976 gelang Marty schließlich der Durchbruch*

. . . Marty rief mich an und erklärte mir den exponentiellen Schlüsselaustausch in seiner herausfordernden Einfachheit. Beim Zuhören merkte ich, daß mir die Idee schon lange halb bewußt gewesen war, aber niemals zum Durchbruch gekommen war.

Dieser 'exponentielle Schlüsselaustausch' heißt heute **Diffie-Hellman-Schlüsselaustausch**. Wir beschreiben dieses System nun zuerst mathematisch und dann mit Begriffen aus jedermanns Alltag.

Die Partner, die einen Schlüssel vereinbaren wollen, müssen sich schon über zwei Dinge einig sein: Eine Primzahl p und eine natürliche Zahl $s < p$. Diese Zahlen bergen kein Geheimnis, sie können völlig öffentlich sein; beispielsweise könnten alle Teilnehmer dasselbe p und s haben.

Das Schema ist ganz einfach: A und B wählen sich je eine natürliche Zahl a bzw. b mit $a, b < p-1$, die sie geheim halten. A berechnet

$$\alpha = s^a \text{ MOD } p,$$

und B berechnet

$$\beta = s^b \text{ MOD } p.$$

Dann schickt jeder sein Ergebnis dem anderen. Schließlich bildet A

$$k = \beta^a \text{ MOD } p,$$

und B berechnet

$$\alpha^b \text{ MOD } p.$$

Da

$$\alpha^b \text{ MOD } p = (s^a)^b \text{ MOD } p = s^{ab} \text{ MOD } p$$

und

$$\beta^a \text{ MOD } p = (s^b)^a \text{ MOD } p = s^{ba} \text{ MOD } p = s^{ab} \text{ MOD } p,$$

ist, erhalten beide denselben Wert $k = s^{ab}$ MOD p. Bild 5.7 macht deutlich, daß beide Seiten die gleiche Rolle spielen.

Die Partner A und B können die Zahl k direkt als Schlüssel nehmen oder sie wenden eine öffentliche Funktion auf k an, um den Schlüssel für das symmetrische Verschlüsselungsverfahren zu erhalten. Beispielsweise könnten sie die binäre Darstellung von k wählen (oder die ersten 56 Bits davon).

Frage: Warum ist dieses System sicher gegen einen Angriff von Mr. X? Mr. X kennt α und β. Er könnte von α auf a oder von β auf b schließen, um dann den Schlüssel k genauso bequem zu berechnen wie A oder B.

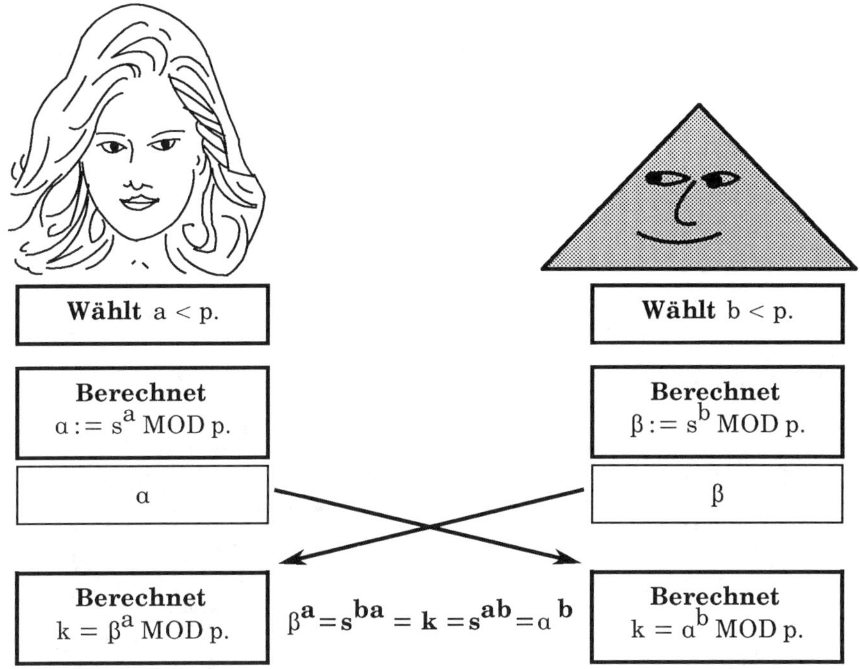

Bild 5.7 Diffie-Hellman-Schlüsselaustausch

Es ist aber außerordentlich schwer, von $\alpha = s^a$ *auf* a *zu schließen.* Das Problem, bei gegebenem s^a MOD p die Zahl a zu berechnen, heißt das Problem des **diskreten Logarithmus**, ein Problem, das ähnlich schwierig ist wie das Problem der Faktorisierung (manche Experten meinen, sogar noch schwieriger).

Ein Beispiel macht die Schwierigkeit des Problems augenscheinlich. Angenommen, wir haben $p = 11$ und $s = 4$. Die Berechnung von Potenzen ist einfach:

$$s^4 = 4^4 = 4^2 \cdot 4^2 = 5 \cdot 5 \text{ MOD } 11 = 3 \text{ MOD } 11.$$

Aber, falls Mr. X nur weiß, daß $s^a = 4^a = 3$ MOD 11 gilt, ist es für ihn sehr schwierig herauszufinden, was a ist. Sie sollten diese vergleichsweise einfache Aufgabe lösen und sich dann an Übungsaufgabe **18** versuchen.

Ein Punkt könnte allerdings noch zugunsten von Mr. X sprechen: Er muß vielleicht nicht notwendigerweise eine der Zahlen a oder b herausfinden. Da er sowohl α als auch β kennt, ist es vorstellbar, daß Mr. X (dem wir ja unglaubliche Intelligenz zutrauen) einen Weg findet, die Zahl k direkt aus α und β abzuleiten. Das Dumme (für Mr. X) ist nur, daß bislang niemand einen solchen Weg gefunden hat. Aber: Auch niemand hat bewiesen, daß das Knacken des Diffie-Hellman-Schlüsselaustauschprotokolls gleichwertig ist zum Berechnen des diskreten Logarithmus. Wenn man die Sicherheit des RSA-Algorithmus mit einer 200-stelligen Zahl n erreichen will, so muß man hier eine 200-stellige Primzahl p wählen.

Kurz: die Sicherheit des Diffie-Hellman-Schlüsselaustauschs beruht wesentlich darauf, daß das Potenzieren modulo p eine Einwegfunktion ist.

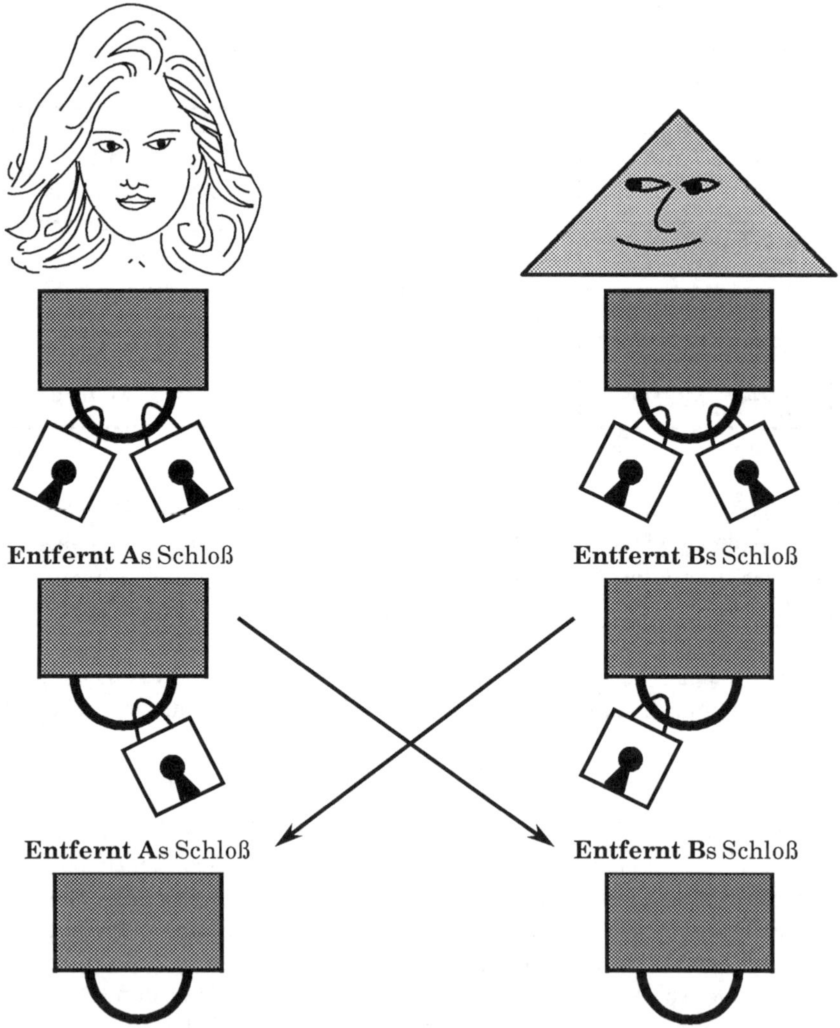

Bild 5.8 Der Diffie-Hellman-Schlüsselaustausch mit Koffern

Bild 5.8 zeigt eine Visualisierung des Diffie-Hellman-Schlüsselaustauschs. Diese Darstellung ist wie folgt zu interpretieren. Beide Seiten erhalten identische Kopien eines Koffers (der den gemeinsamen Schlüssel k enthält); diese Koffer sind jeweils mit zwei Schlössern verschlossen, von denen jeweils eines nur von A, das andere nur von B geöffnet werden kann. Zunächst entfernen beide Seiten die Schlösser, die sie öffnen können und schicken den Koffer zur anderen Seite. Nun erhalten beide einen Koffer, den sie öffnen können; sie tun das und können das Geheimnis k des Koffers lüften.

Dieses Schlüsselaustauschprotokoll ist nicht nur möglich über Alphabeten mit p Elementen, sondern auch über Alphabeten mit p^m Elementen, wobei p eine Primzahl ist. Im Falle $m > 1$ benutzt man zu diesem Zweck nicht die natürlichen Zahlen modulo p^m, sondern den endlichen Körper mit p^m Elementen, der oft mit $GF(p^m)$ bezeichnet wird (**Galoisfeld**, nach dem genialen, aber tragisch bei einem Duell umgekommenen französischen Mathematiker Evariste **Galois** (1811 bis 1832)). In jüngster Zeit hat man das Problem des diskreten Logarithmus sogar in sogenannten „elliptischen Kurven" für kryptographische Zwecke studiert. Dies führt aber weit über das Ziel dieses Buches hinaus; der interessierte Leser sei zum Beispiel auf [Kob87] verwiesen.

5.5 Weitere Anwendungen des diskreten Logarithmus

Interessanterweise hat die Schwierigkeit, diskrete Logarithmen zu berechnen, nicht nur Anwendungen für das Schlüsselmanagement, sondern kann auch zur Konstruktion von Verschlüsselungs- und Signaturschemata benutzt werden. Man kennt verschiedene Arten der Verwendung des diskreten Logarithmus; eine Methode geht auf Taher **ElGamal** vom Hewlett-Packard Forschungslaboratorium in Palo Alto zurück [ElG85], eine andere auf Jim **Massey** von der ETH Zürich und Jim **Omura**, der damals an der University of California war. Das ElGamal-Verschlüsselungsschema kann als Variante des Diffie-Hellman-Schemas mit eingebautem Verschlüsselungsalgorithmus aufgefaßt werden. Wir werden zunächst kurz dieses Protokoll diskutieren und dann das Massey-Omura-Schema vorstellen, das prinzipiell hübsch einfach ist.

Für das **ElGamal-Schema** müssen die Teilnehmer sich über eine Primzahl p und eine natürliche Zahl s einig sein. Jeder Teilnehmer B hat als seinen geheimen Schlüssel eine natürliche Zahl b^* und als seinen öffentlichen Schlüssel die Zahl $\beta = s^{b^*}$ MOD p. Falls A die Nachricht m verschlüsselt an B schicken will, so wählt sich A zunächst eine natürliche

Zahl a und berechnet damit zwei Zahlen: Zuerst benutzt sie Bs öffentlichen Schlüssel und berechnet $k = (\beta)^a$ MOD p. Dann benutzt A diese Zahl als Kommunikationsschlüssel für die Nachricht m: A wendet einen Verschlüsselungsalgorithmus f unter dem Schlüssel k auf m an und erhält den Geheimtext $c = f_k(m)$. Schließlich schickt sie zwei Werte an B, nämlich s^a MOD p und den Geheimtext c.

Mit seinem geheimen Schlüssel b* kann B aus s^a MOD p den Schlüssel $k = (s^a)^{b^*}$ MOD p berechnen und damit c dechiffrieren.

Im „ursprünglichen" ElGamal-Schema war der Algorithmus f einfach die Multiplikation MOD p, also $c = k \cdot m$ MOD p, aber dies ist eine unnötig starke Einschränkung.

Es gibt auch ein **ElGamal-Signaturschema**; dies hat dadurch besondere Bedeutung erlangt, daß das amerikanische *National Institute of Standards and Technology* im Sommer 1991 eine Variante dieses Schemas zur Standardisierung vorgeschlagen hat [NIST91].

Wir kommen nun zum **Massey-Omura-Schema**. Die zugrundeliegende Idee ist ganz einfach; man nennt sie auch **Shamirs no-key-Algorithmus** (siehe Bild 5.9):

Wenn A eine Nachricht verschlüsselt an B schicken möchte, gibt sie die Nachricht in einen Koffer und verschließt diesen mit ihrem Schloß und schickt das ganze zu B. Dieser kann natürlich den Koffer nicht öffnen, aber er kann den Koffer ein zweites Mal verschließen, und zwar mit seinem Schloß. Anschließend schickt er diese doppelt gesicherte Nachricht zurück zu A. Diese kann nun zwar ihr Schloß entfernen, aber die Nachricht trotzdem nicht mehr lesen. Wird der Koffer nun wieder an B geschickt, so kann dieser ihn bequem öffnen und die Nachricht zur Kenntnis nehmen.

Kann man diese Idee benutzen, um die Übertragung elektronischer Daten zu sichern? Die Antwort lautet: Ja — und zwar mit Hilfe diskreter Logarithmen. Dieses Verfahren wurde auf der ersten EUROCRYPT-Tagung 1983 in Udine vorgestellt. Wir stellen uns vor, daß alle Teilnehmer sich über eine Primzahl p einig sind. Jeder Teilnehmer T wählt sich zwei natürliche Zahlen e_T und d_T mit der Eigenschaft, daß

$$e_T \cdot d_T \text{ MOD } p{-}1 = 1$$

gilt. In Abschnitt **5.3.2.2** wurde beschrieben, wie man d_T aus e_T berechnen kann. Wir wissen ferner (siehe Abschnitt **5.3.1**), daß aufgrund des Satzes von Euler für alle natürlichen Zahlen $m < p$ die Gleichung

$$m^{e_T d_T} \text{ MOD } p = m$$

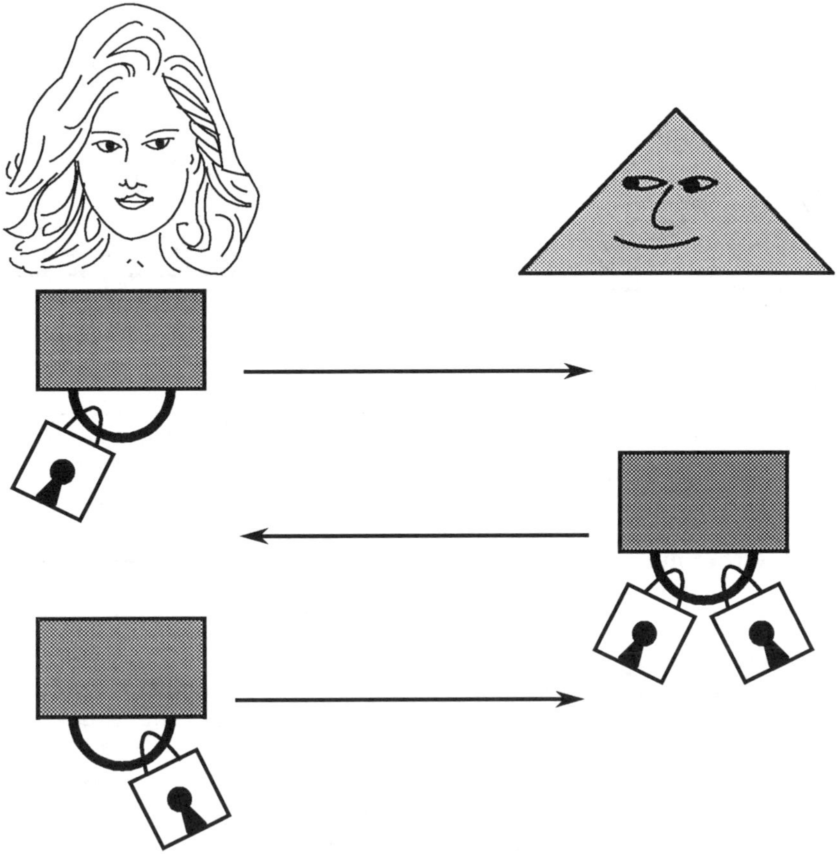

Bild 5.9 Shamirs no-key-Algorithmus

gilt. Im Gegensatz zum RSA-Algorithmus behalten die Teilnehmer beide ihre Zahlen geheim und veröffentlichen keine. (Das ist absolut notwendig; denn wenn Mr. X etwa e_T wüßte, könnte er daraus leicht d_T berechnen, da der Modul p öffentlich bekannt ist.) Wir stellen uns vor, daß A eine Nachricht m verschlüsselt an B senden möchte. Wir können annehmen, daß m durch eine Zahl (oder eine Folge von Zahlen) kleiner p dargestellt ist.

Zunächst berechnet A die Zahl m^{e_A} MOD p und schickt diese an B; B berechnet dann die e_B-te Potenz der erhaltenen Zahl und schickt das Ergebnis $m^{e_A e_B}$ MOD p zurück zu A. Nun wendet A ihre Zahl d_A auf die erhaltene geheimnisvolle Zahl an und erhält $m^{e_A e_B d_A}$ MOD p, was sich nach kurzem Umrühren zu

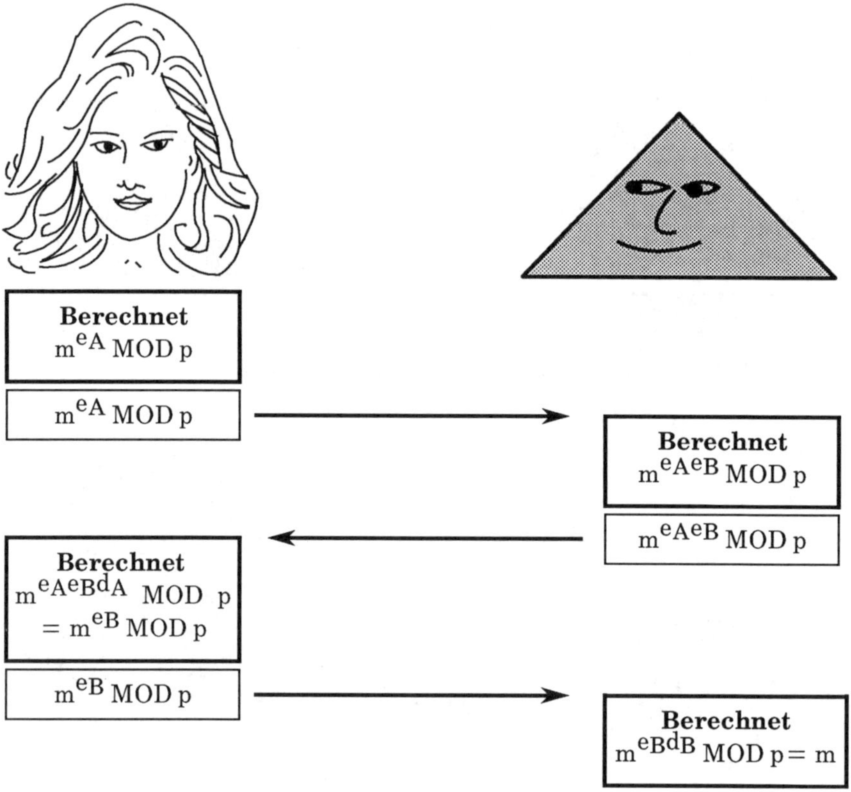

Bild 5.10 Das Massey-Omura-Protokoll

$$m^{e_A e_B d_A} \text{ MOD } p = m^{e_A d_A e_B} \text{ MOD } p = m^{e_B} \text{ MOD } p,$$

vereinfacht. Das Ergebnis wird an B geschickt, und dieser erhält ohne Mühe (vergleiche Bild 5.10)

$$m^{e_B d_B} \text{ MOD } p = m.$$

Inwiefern basiert dieses Protokoll auf der Schwierigkeit, diskrete Logarithmen zu berechnen? Wie könnte Mr. X die Geheimnisse e_B und d_B erlangen? Ganz einfach — falls er diskrete Logarithmen berechnen kann. Er müßte nämlich nur an B eine beliebige Zahl m schicken; B würde diese gemäß dem Protokoll behandeln und also die Zahl

$$m^+ = m^{e_B} \text{ MOD } p$$

zurückschicken. Dann würde Mr. X den diskreten Logarithmus von m^+ berechnen und hätte e_B erhalten; mit dem euklidischen Algorithmus könnte er daraus auch d_B berechnen.

Es sind zwei weitere asymmetrische Verschlüsselungsschemata bekannt, das Schema von R.J. **McEliece** [McE78] und der **Knapsack-Algorithmus**, der von Merkle und Hellman [MH78] vorgeschlagen wurde. Dieser Algorithmus hat inzwischen allerdings einen zweifelhaften Ruf, da er von Shamir [Sha82] geknackt wurde.

Eine letzte Bemerkung: Sowohl der Schlüsselaustausch mit Hilfe eines asymmetrischen Verschlüsselungsverfahrens als auch der Diffie-Hellman-Schlüsselaustausch haben den unbestreitbar großen Vorteil, daß man damit zum Schlüsselaustausch keinen geheimen Kanal mehr braucht. Aber ohne *Vertrauen* geht es auch hier nicht. Denn die genannten Verfahren funktionieren nur dann gut, wenn keiner der Beteiligten zu betrügen versucht. Beim RSA-Schlüsselaustausch muß B sicher sein, daß der Schlüssel wirklich von A und nicht etwa von Mr. X — im Namen von A! — kommt. Entsprechendes gilt für die anderen Schemata.

In einer hochnäsig akademischen Sprache kann man das so formulieren: Die Schlüsselaustauschverfahren, die wir beschrieben haben, setzen zwar nicht mehr einen geheimen, aber immer noch einen *authentischen* Kanal voraus. (. . . und manche Experten stellen ernsthaft die Frage, ob man dadurch für die Praxis viel gewonnen habe . . .)

Übungsaufgaben

1. Schulen Sie Ihr Vorstellungsvermögen. Interpretieren Sie das Arrangement von Bild 5.11 als asymmetrisches Verschlüsselungsschema: Jeder Teilnehmer stellt einen Koffer mit seinem Namen zur Verfügung. Die geöffneten Koffer sind öffentlich zugänglich. Sie können geschlossen werden, indem man sie einfach zudrückt, aber für das Öffnen braucht man einen Schlüssel — den des rechtmäßigen Eigentümers.

2. Wenden Sie eine Transpositionschiffre auf den Namen Peter A. Schlaube an; Sie erhalten einen Namen, den Sie bestimmt schon mal gelesen haben.

3. Zeigen Sie, daß der euklidische Algorithmus wirklich den größten gemeinsamen Teiler der Zahlen a und b liefert.

@**4.** Schreiben Sie ein Programm zum euklidischen Algorithmus.

5. Bestimmen Sie ganze Zahlen x und y mit der Eigenschaft

$$3 = 792x + 75y.$$

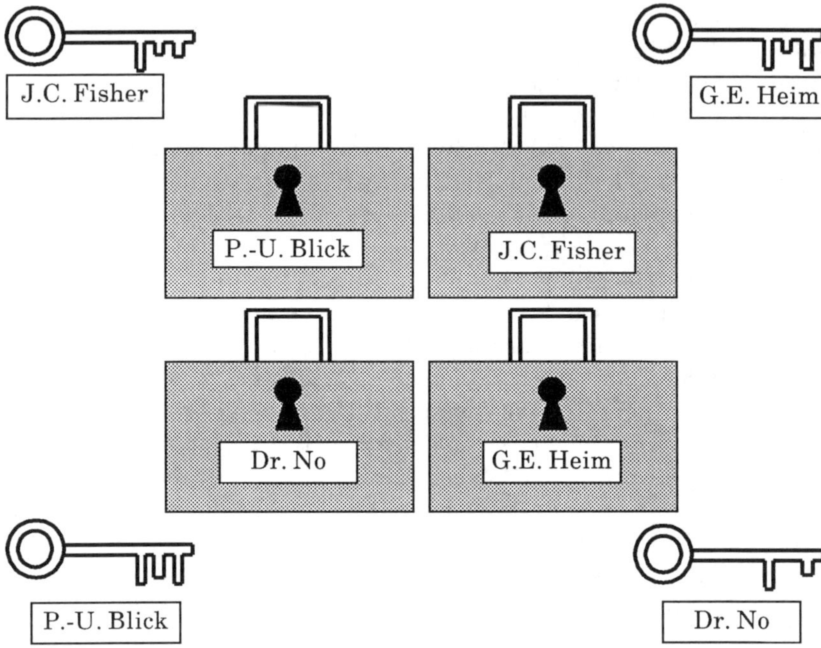

Bild 5.11 Das Koffer-Beispiel

6. Berechnen sie ganze Zahlen x und y mit folgender Eigenschaft:

$$1 = 17x + 55y.$$

@**7.** Schreiben Sie ein Programm, das bei gegebenen natürlichen Zahlen a und b eine Vielfachsummendarstellung des größten gemeinsamen Teilers von a und b liefert.

8. Berechnen Sie den größten gemeinsamen Teiler aus der Nummer Ihres Personalausweises und Ihrer Telefonnummer.

9. Berechnen Sie für $p = 23$ und $q = 37$ Zahlen d und e gemäß dem RSA-Algorithmus und verschlüsseln Sie damit die Nachricht $m = 537$.

10. (a) Wieviele Multiplikationen braucht man, um m^{16} auszurechnen? [Hinweis: Man beachte, daß $m^{16} = (((m^2)^2)^2)^2$ gilt.]
(b) Wieviele Multiplikationen braucht man, um m^{21} auszurechnen?
▸(c) Formulieren Sie einen schnellen Algorithmus zur Berechnung von m^d. [Hinweis: Man benutze die binäre Darstellung von d. Dieser Algorithmus heißt **Square-and-Multiply-Algorithmus**.]

▸(d) Wieviele Multiplikationen braucht man ungefähr, um m^d zu berechnen?

11. Überzeugen Sie sich, daß der Satz von Euler nur im einfachsten Fall benutzt wurde, nämlich in dem, in dem $n = p$ eine Primzahl ist.

In den folgenden drei Übungsaufgaben leiten wir den Leser zu einem Beweis des Satzes von Euler in dem Fall $n = p$ an (vergleiche [Hon73] für Details).

12. Sei p eine Primzahl. Zeigen Sie, daß der **Binomialkoeffizient**

$$\binom{p}{i} = \frac{p\cdot(p-1)\cdot\ldots\cdot 2\cdot 1}{i\cdot(i-1)\cdot\ldots\cdot 2\cdot 1\cdot(p-i)\cdot(p-i-1)\cdot\ldots\cdot 2\cdot 1}$$

eine ganze Zahl ist, die im Falle $1 < i < p$ durch p teilbar ist.

13. Sei p eine Primzahl. Dann gilt für je zwei ganze Zahlen a und b

$$(a + b)^p \text{ MOD } p = a^p + b^p \text{ MOD } p.$$

[Hinweis: Benutzen Sie den binomischen Lehrsatz.]

14. Sei p eine Primzahl. Dann gilt für jede ganze Zahl m der **kleine Satz von Fermat**:

$$(m^p - m) \text{ MOD } p = 0.$$

[Hinweis: Führen Sie Induktion nach m durch und benutzen Sie die vorige Aufgabe.]

▸ **15.** Um einem Mißbrauch eines asymmetrischen Schlüsselverfahrens zu begegnen, geht man wie folgt vor: Ein öffentlicher Schlüssel eines Teilnehmers ist nur dann gültig, wenn er und der Name des Teilnehmers von einer vertrauenswürdigen (zentralen) Stelle CA (**Certification Authority**) **zertifiziert** ist. Dazu signiert CA den Schlüssel E und den Namen des Teilnehmers mit ihrem geheimen Schlüssel. Diese Signatur wird zusammen mit dem öffentlichen Schlüssel E gespeichert. Bevor ein (anderer) Teilnehmer den Schlüssel E benutzt, muß er die elektronische Unterschrift mit Hilfe des öffentlichen Schlüssel von CA verifizieren.

Machen Sie sich klar, daß damit der am Ende von Abschnitt **5.1** geschilderte Mißbrauch ausgeschlossen wird. Die angedeutete Lösung ist ein Sonderfall einer allgemeinen Methode, die in der Norm X.509 [CCITT] ausgeführt ist.

16. Ich verrate Ihnen zwei Dinge:
(i) Die Zahl 14803 ist Produkt von genau zwei Primzahlen,
(ii) $\phi(14803) = 14560$.
Können Sie mit Hilfe dieser Information die Zahl 14803 faktorisieren?

@**17.** Schreiben Sie ein Programm zur Faktorisierung von natürlichen Zahlen, das 8-stellige Zahlen faktorisieren kann. Überprüfen Sie, wie lange Ihr Programm braucht, um 12863273 ($= 3259 \cdot 3947$) und 1111111 ($= 239 \cdot 4649$) zu faktorisieren.

18. Angenommen, Sie wissen 7^a MOD 31 = 10. Bestimmen Sie a.

19. Stellen sie das ElGamal-Verschlüsselungsschema mit Hilfe eines „Pfeildiagramms" dar.

20. Erklären Sie genau den Unterschied zwischen dem Diffie-Hellman-Schema und dem ElGamal-Schema. Ist der Unterschied kryptographischer Natur?

21. Hat das Massey-Omura-Protokoll Nachteile? Welche?

Kapitel 6

Ach wie gut, daß niemand weiß, daß ich Rumpelstilzchen heiß oder Wie bleibe ich anonym?

6.1 Was ist Anonymität?

Kryptographie hat es per definitionem mit Verheimlichung zu tun. Wird eine Nachricht verschlüsselt, so wird der *Inhalt* dieser Nachricht verborgen. Hingegen wird die *Tatsache, daß* eine Nachricht gesendet wurde, nicht verheimlicht, und ebenso sind *Sender* und *Empfänger* bekannt. Man erreicht so nur ein äußerst bescheidenes Maß an Anonymität. Wir können drei Arten von **Anonymität** unterscheiden:

- Anonymität des *Senders*,
- Anonymität des *Empfängers*,
- Anonymität der *Kommunikationsbeziehung*.

*

Vielleicht werden Sie einwenden: „Anonymität ist doch reiner Luxus! Ich will gerne zugeben, daß man Anonymität theoretisch machen kann; aber jeder — jedenfalls jeder, der nichts zu verbergen hat — wird doch spätestens dann, wenn er merkt, daß Anonymität Geld kostet, darauf verzichten." Ein solcher Einwand kann nicht einfach vom Tisch gewischt werden. Lassen Sie uns deshalb darüber nachdenken, ob (bzw. wann) Anonymität notwendig, sinnvoll, überflüssig oder schädlich ist.

Ein Grundproblem der modernen Demokratie ist der Ausgleich zwischen den Rechten der einzelnen Bürger und den Rechten des Staates. Jedes Mehr an Rechten für das Individuum bedeutet ein Weniger an Rechten für den Staat, und umgekehrt. Beispielsweise bedeutet ein besserer Schutz der Privatsphäre der Bürger eine geringere Kontrollmöglichkeit für den Staat.

Die immer weiter wachsende Durchdringung auch des täglichen Lebens mit Computern und elektronischer Datenverarbeitung bringt nun die frühere Balance aus dem Gleichgewicht: Staaten und Konzerne haben Zugang zu einer riesigen Menge von Daten über die einzelnen Bürger; dadurch wird ein Mißbrauch vorstellbar, gegenüber dem Orwells *1984* harmlos ist. Der einzelne Bürger hat das Gefühl, nicht zu wissen, welche Daten von ihm wo gespeichert sind, was mit diesen geschieht und was mit ihnen geschehen könnte. Hier setzen die Datenschutzgesetze an. Sie versuchen, Probleme, die durch den Einsatz neuer Technik entstanden sind, juristisch zu lösen. Wir werden uns in den weiteren Abschnitten dieses Kapitels fragen, ob diese Probleme nicht auch technisch gelöst werden könnten (indem man nämlich die Systeme von vornherein so konzipiert, daß die Datenschutzprobleme nicht auftreten).

Genauso beängstigend ist die Tatsache, daß die großen Computersysteme und die mit ihnen realisierten Dienste durch Einzelpersonen bedroht sind. Finanzielle Transaktionen sind leichter manipulierbar, die sogenannten „Hacker" können erheblichen Schaden an fremden Daten und Programmen anrichten, usw. Ein Gegenmittel, das häufig empfohlen wird, sind mächtige und effiziente Systeme, die alle Handlungen der Benutzer aufzeichnen . . . Das wiederum ergibt noch mehr zentral verfügbare Informationen über die einzelnen Benutzer. Was tun? Vielleicht gibt es ja keine einfache Antwort. Lassen Sie uns einige Beispiele genauer diskutieren.

1. Es gibt Situationen, bei denen man allgemein überzeugt ist, daß Anonymität unverzichtbar ist. Eine Errungenschaft der modernen Gesellschaft, auf die wir mit Recht stolz sind, sind geheime Wahlen. Stellen Sie sich nun vor, man würde ein elektronisches Wahlsystem einführen. Dann müßte das Ergebnis der Wahl natürlich korrekt (sogar nachprüfbar) sein, die einzelnen Wähler (also die „Sender der Stimmen") müßten aber anonym bleiben.

Die wissenschaftliche Forschung, die auf sensiblen persönlichen Daten beruht, ist ein weiteres Beispiel. Man denkt sofort an medizinische Untersuchungen über Drogenabhängigkeit oder AIDS. Hier ist es entscheidend, daß der Wissenschaft alle relevanten Daten zugänglich sind, ohne daß irgend jemand in der Lage ist, auf eine Person zurückzuschließen, von der die Daten stammen. Mit anderen Worten, man braucht Senderanonymität.

Schließlich gibt es in jeder Gesellschaft Nischen, die auf einer (relativen) Anonymität basieren. Denken Sie zum Beispiel an die Telefonseelsorge oder an die „Anonymen Alkoholiker". Bei diesen Einrichtungen ist Anonymität eine entscheidende Voraussetzung für ihren Erfolg.

2. Im täglichen Leben haben wir ein perfektes Beispiel von Senderanonymität, nämlich das **Geld**, genauer gesagt das **Münzgeld**. Wie bitte? Nun, eine Münze zeigt ihre Geschichte nicht: Ich kann mich vielleicht daran erinnern, von wem ich eine bestimmte Münze erhalten habe, aber ich habe keine Informationen darüber, wer früher diese Münze zu welchem Zweck benutzt hat.

Dieses System ist so gut, daß es als Vorbild für viele Systeme mit Senderanonymität dient; wir werden in Abschnitt **6.3** ein solches System vorstellen. Man darf aber nicht verdrängen, daß zumindest ein Teil des Übels, das mit Geld verbunden ist, von seiner Anonymität herkommt; Geld ist nämlich ein ideales Medium für Verbrechen. Manche Leute sind bereit, für Geld alles zu tun: Sie sind anonym, wenn sie ihr schmutziges Geld „verdienen", aber sie sind reich, mächtig, angesehen — und unverfolgbar —, wenn sie ihr Geld ausgeben.

3. Mit den neuen elektronischen Medien scheint auch ein Bedürfnis nach Anonymität zu wachsen, für dessen Befriedigung manche Leute sogar Geld auszugeben bereit sind. In dem äußerst erfolgreichen französischen Bildschirmtextsystem (dort *Teletel* genannt) gibt es einen Kanal *Kiosque*, über den die Teilnehmer anonym miteinander kommunizieren können. Natürlich wird dort nur ein relativ niedriges Anonymitätsniveau geboten, da alle Teilnehmer dem Anwendungsanbieter bekannt sind — schließlich müssen sie für diesen Dienst ja bezahlen. Der Anwendungsanbieter garantiert aber, daß die Teilnehmer gegenseitig anonym bleiben können. Interessanterweise ist dieser Dienst sehr gefragt, obwohl er ziemlich teuer ist. Einen Grund dafür könnte man vielleicht darin sehen, daß die Gespräche nicht in jedem Fall die Grenzen der bürgerlichen Wohlanständigkeit akkurat einhalten; dieser Verdacht wird gestützt durch den Titel eines deutschen Gegenstücks von Kiosque, das sich *Schnack-intim* nennt.

Aber auch hier gibt es eine dunkle Seite: Leute sagen Dinge anonym, die sie nie zu sagen wagten, wenn sie nicht sicher wären, daß keiner herausfindet, wer es gesagt hat. Dies hängt mit einem Massenphänomen zusammen: Leute tun Dinge in der Masse (das heißt anonym), die sie ohne Anonymität nie in Erwägung zögen.

4. Eine wichtige Anwendung von Anonymität innerhalb des Gebietes der Kryptologie ist die Schlüsselerzeugung. Vermutlich gibt es in jedem Land, dessen Regierung die politisch relevante Information kryptographisch schützt, eine Zentrale, die die Schlüssel erzeugt, die später dann benutzt werden, um den diplomatischen Verkehr zwischen der Regierung und den einzelnen Botschaften zu verschlüsseln. Ich bin überzeugt, daß der arme Mensch, der die Erzeugung der Schlüssel wirklich vornimmt, nicht besonders gut bezahlt wird. Wenn er also wüßte, daß ein bestimmter Schlüssel dafür vorgesehen ist, im nächsten Monat den Verkehr, sagen wir, zwischen Bonn und Bagdad zu verschlüsseln, dann entstünde eine echte Gefahr (für die Nachrichten oder den Schlüsselerzeuger oder für beide). Was man hier braucht, ist Anonymität. Man benötigt aber eigentlich noch mehr: Man muß in der Lage sein, nachweisen zu können, daß die Schlüsselerzeugung anonym erfolgt. (Stellen Sie sich eine Situation vor, in der der arme Mensch wirklich nichts weiß, der Gegner ihm aber nicht glaubt!)

5. Die Bedeutung der Anonymität verändert sich mit der Zeit, wie alle kulturellen oder politischen Phänomene. Ein Beispiel eines Aktes, den wir heute ohne Zweifel der Intimsphäre des Individuums zuordnen, der aber früher ganz anders betrachtet wurde, ist folgender: Noch vor 200 Jahren wurde die Notdurft öffentlich verrichtet: Es gab öffentliche „Notdurftanbieter", die die Kunden notdürftig mit einem Mantel umhüllten: Es wurde keinerlei Anstrengung unternommen, die Tatsache an sich, oder die handelnden Person anonym zu halten; nur der Inhalt wurde verschleiert. (Weitere Details zu diesem Thema findet der interessierte Leser in [MBeu86].)

Bevor Sie das als weiteres Beispiel für meinen zweifelhaften Geschmack abtun, beachten Sie, daß wir auch hier die beiden Seiten der Medaille sehen können: Die Zellen der öffentlichen Toiletten bieten heute ihre Anonymität auch zu Zwecken, die nicht von jedem gutgeheißen werden; dies reicht von der mehr oder weniger künstlerischen Gestaltung der Wände über Vandalismus bis zur Ausführung von Schwerverbrechen, wie wir uns täglich in den Spielfilmen informieren können.

*

Meiner Meinung nach ist Anonymität kein Wert an sich. Man sollte sich bei jeder Anwendung überlegen, ob Anonymität notwendig ist, um den entsprechenden Dienst zu realisieren, und ob der Nutzen in einem vernünftigen Verhältnis zu den Kosten steht.

Obwohl also Anonymität nicht einfach „gut" oder „böse" ist, bin ich überzeugt, daß es ein wichtiges Ziel der Wissenschaft ist, deutlich zu machen, was man technisch erreichen kann und was nicht. Dann kann die Entscheidung, ob und wie etwas (etwa Anonymität) realisiert wird, sich auf wissenschaftliche Untersuchungen stützen und weist der politischen oder kommerziellen Entscheidung den richtigen Spielraum zu.

Eine interessante und überraschende Tatsache ist, daß gewisse Modelle von Anonymität mit kryptographischen Mechanismen realisiert werden können. Das Ziel dieses Kapitels ist es, solche Verfahren zu studieren.

Nach diesen philosophischen Gedankenflügen kehren wir zurück zur prosaischen Wissenschaft. Wir werden zunächst drei ganz einfache Modelle für Anonymität darstellen; anschließend sollen dann zwei etwas ausgereiftere Systeme behandelt werden.

Schon beim oberflächlichen Überfliegen dieser Seiten werden Sie merken, daß unter all den in diesem Buch studierten Techniken die in diesem Kapitel behandelten am spekulativsten sind. Aber meiner Meinung nach ist es besonders wichtig, Systeme zu entwickeln, die Anonymität ermöglichen, da sie deutlich machen, daß der Computer nicht von Natur aus der „Big Brother" ist, für den er (manchmal mit Grund) gehalten wird.

6.2 Drei (zu) einfache Modelle

6.2.1 Anonymität des Empfängers: Broadcasting

Prinzipiell ist es ganz einfach, Anonymität des Empfängers zu erreichen: Man schickt die Nachricht generell an alle Teilnehmer — oder jedenfalls an sehr viele. Die Broadcastmedien Rundfunk und Fernsehen sind die Prototypen für diese Art von Anonymität.

Erinnern Sie sich an die Zeiten, als sich Politiker über Fernsehen direkt an Terroristen wandten? Ein solches Vorgehen bietet eine perfekte Anonymität für die Angesprochenen. Harmlosere Beispiele findet man in den Anzeigenseiten von Zeitungen und Zeitschriften; Beispiel:

6.2.2 Anonymität des Senders: Pseudonyme

Ein Sender kann sich zur Tarnung ein **Pseudonym** (ein Name, der die echte Identität verbergen soll), oder auch mehrere Pseudonyme zulegen. Im Extremfall verwendet er zur Kommunikation mit jedem anderen Teilnehmer je ein anderes Pseudonym. Will er noch vorsichtiger sein, so kann er für jedes neue Gespräch ein neues Pseudonym verwenden. Unter solchen Umständen kann der Sender seine Identität völlig verbergen; er ist ebenso schwer dingfest zu machen wie die berühmte Stecknadel im Heuhaufen.

Die Schwierigkeit liegt auf der Hand: Der Sender selbst darf den Überblick über seine Pseudonyme nicht verlieren. Ebenso ist die Frage, wie vertrauliche Information von einem Pseudonym einem anderen mitgeteilt werden kann, schwierig und sicherlich noch nicht endgültig gelöst.

6.2.3 Anonymität der Kommunikationsbeziehung: Rauschen

Um zu verhindern, daß eine spezielle Kommunikationsbeziehung erkannt werden kann, sollte man *häufig*, im Extremfall also *immer* senden. Man muß also „Rauschen" erzeugen, oder, anders ausgedrückt: man muß viele „Dummy-Nachrichten" senden. Ein Mr. X, der unter solchen Umständen ein „Kommunikationsprofil" eines Teilnehmers erstellen will, muß den gesamten Datenverkehr aufnehmen, speichern, analysieren — und wird in 99,99% aller Fälle nichts rauskriegen.

Zwei berühmte Beispiele aus dem zweiten Weltkrieg sollten hier erwähnt werden:

- Die Amerikaner wußten bereits kurz vor dem Angriff der Japaner auf Pearl Harbour, daß ein Angriff drohte, einfach aufgrund der Tatsache, daß die Zahl der japanischen Geheimnachrichten deutlich zugenommen hatte.
- Lange vor der Invasion in der Normandie 1944 überfluteten die Alliierten Europa mit Dummy-Nachrichten. Das deutsche Oberkommando der Wehrmacht wußte offenbar nie, ob eine Nachricht „echt" war (also den Befehl zum Beginn der Invasion enthielt), oder ob sie nichtssagend war; es war also immer unklar, ob die untergetauchten Hilfstruppen mobilisiert werden sollten oder nicht.

Die Nachteile einer solchen 'mit roher Gewalt' erzwungenen Anonymität sind klar: Ein permanentes Senden würde jedes Netz sofort zusammenbrechen lassen — und auch in Zukunft würde dieses Verfahren ein Netzvolumen beanspruchen, das die kühnsten Wunschträume unserer postalischen und industriellen Verkabler weit übertrifft.

Jetzt sollen zwei Modelle vorgestellt werden, die auf trickreiche Weise aus kryptographischen Mechanismen aufgebaut sind. Auch diese Modelle haben vielleicht keine direkte Anwendung, aber meiner Meinung nach verdienen sie es mindestens, wissenschaftlich diskutiert zu werden.

6.3 Elektronisches Geld

Gewöhnliches Geld bietet (neben anderen Vorteilen) ein hohes Maß an Anonymität: Eine Person betritt ein Geschäft, wählt einige mehr oder weniger brisante Waren aus, geht damit an die Kasse, bezahlt in bar, verschwindet wieder — und hat keine Spur hinterlassen. Natürlich könnte die Kassiererin die Person wiedererkennen; der entscheidene Punkt ist aber, daß der *Weg des Geldes nicht zurückverfolgbar ist*, da der Kunde anhand des Geldscheins nicht identifiziert werden kann. Dies gilt insbesondere dann, wenn mit **Münzen** bezahlt wurde: Münzen besitzen keine individuelle Geschichte, eine ist so gut wie jede andere. Was mit Münzen bezahlt wurde, weiß der Kunde, die Verkäuferin und sonst niemand.

Stellen sie sich nun ein System für elektronisches Bezahlen vor. Sehr wahrscheinlich würden in einem solchen System alle Daten für eine gewisse Zeit gespeichert werden; dies ist sowohl für den Abrechnungsprozeß notwendig, als auch als als Beweismittel im Falle von Reklamationen (vgl. die Diskussion in Abschnitt **4.3**). Ein solches System ist das Gegenteil eines Systems mit Anonymität. Stellen Sie sich nun vor, ein solches System müßte in ein System zum elektronischen Bezahlen umgewandelt werden, das Kundenanonymität bietet. Das scheint unmöglich — und ist wahrscheinlich auch unmöglich! Um ein elektronisches System mit Anonymität zu entwickeln, muß man von vorne anfangen. Aber wie? Man wagt kaum zu glauben, daß Anonymität in ähnlichem Maße gewährleistet sein kann, wenn man seine Ware elektronisch bestellt und bezahlt.

Überraschenderweise kann man Münzen elektronisch simulieren! Diese Idee für elektronische Münzen stammt, wie alles Thyphschürfönde auf dem Gebiet der elektronischen Anonymität, von David **Chaum** [Cha85]. Er stellt eigentlich überzeugend dar, daß sein Schema zum Schutz der Privatsphäre der Bürger in gewissem Sinne auch den Banken mehr Sicherheit bieten könnte.

*

Die folgenden Überlegungen setzen ein asymmetrisches Signaturschema voraus. Der Einfachheit halber nehmen wir an, es sei der RSA-Algorithmus.

Stellen wir uns vor, daß Professor W. Assolldas von seiner Bank ein elektronisches Fünfmarkstück haben möchte. (Wir stellen uns hier der Einfachheit halber vor, daß eine Bank Münzen prägen kann. In Wirklichkeit haben natürlich nur die Nationalbanken (in Deutschland etwa die

Bundesbank) dieses Recht.) Prof. Assolldas erwartet von einer elektronischen Münze wenigstens die folgenden Eigenschaften:

- Dieses Stück Information wird vom jedem Händler (und jedem Automaten) als Äquivalent von DM 5.-- akzeptiert.
- Wenn es akzeptiert worden ist, kann kein Mensch mehr nachweisen, daß dieses Ding von Prof. Assolldas kam.

Nun zur Sache: Die Bank möge ein spezielles Paar aus geheimem und öffentlichem Schlüssel haben, mit dem sie die elektronischen Fünfmarkstücke 'macht' (zertifiziert, prägt, . . .). Diese Schlüssel mögen aus dem Modul n, dem (öffentlichen) Exponenten e und dem geheimen Exponenten d bestehen. Dies sind die allgemeinen Voraussetzungen.

Um ein elektronisches Fünfmarkstück zu konstruieren, muß zunächst Prof. Assoldas arbeiten. Er wählt zufällig zwei große Zahlen C und V. Wie wir sehen werden, stellt dabei V das Rohmaterial für die Münze dar, während C nur zur Camouflage dient.

Danach bildet er die Zahl W, die durch zweimaliges Hintereinanderschreiben der Zahl V entsteht. (Ist beispielsweise V = 123456, so ist W = 123456123456.) Die einzig schwierige Aufgabe für Prof. Assoldas ist es, die folgende Zahl S zu berechnen:

$$S = C^e \cdot W \text{ MOD } n.$$

Dann schickt er die Zahl S an seine Bank und bittet darum, aus diesem Zahlenwurm ein elektronisches Fünfmarkstück zu machen.

Jetzt ist die Bank an der Reihe. Vermutlich wird sie als erstes Prof. Assoldas' Konto um DM 5,-- erleichtern. Dann potenziert sie die Zahl S mit dem geheimen 5-DM-Bankschlüssel d:

$$T = S^d \text{ MOD } n.$$

Diese Zahl T wird an Prof. Assoldas zurückgeschickt. Sie ist jedoch noch nicht die Münze; diese erhält A, indem er T durch die Verschleierungszahl C „teilt":

$$\mathbf{F} := T \cdot C^{-1} \text{ MOD } n.$$

(Beachten Sie, daß C^{-1} eine natürliche Zahl ist, für die $C \cdot C^{-1} \text{ MOD } n = 1$ gilt. Die Existenz einer solchen Zahl wurde in Abschnitt **5.3.2.2** nachgewiesen.)

Diese Zahl **F** ist nun endlich das elektronische Fünfmarkstück! Was aber ist diese Zahl? Können wir sie ausrechnen? Nun, wenn alles mit rechten Dingen zugegangen ist, so ist

$$\mathbf{F} = T \cdot C^{-1} \text{ MOD } n = S^d \cdot C^{-1} \text{ MOD } n = C^{ed} \cdot W^d \cdot C^{-1} \text{ MOD } n$$

$$= C \cdot W^d \cdot C^{-1} \text{ MOD } n = W^d \text{ MOD } n.$$

Unser elektronisches Fünfmarkstück **F** hängt also nicht von C ab, sondern nur vom geheimen 5-DM-Schlüssel d der Bank und der Zahl V, die von Prof. Assoldas gewählt wurde; C dient also wirklich nur zur Verschleierung der wirklichen Verhältnisse.

Achtung: Obige Berechnung kann man nur von einem (nicht existenten) höheren Standpunkt aus nachvollziehen. In Wirklichkeit kennt ein Außenstehender weder die von Prof. Assoldas geheim gewählten Zahlen V und C noch den geheimen Schlüssel d der Bank.

*

Nun müssen wir uns natürlich davon überzeugen, daß die Zahl **F** den obigen Forderungen genügt.

- *Jedermann kann leicht verifizieren, daß* **F** *ein elektronisches Fünfmarkstück ist.*

Um diese Behauptung nachzuprüfen, potenziere man **F** mit dem öffentlichen 5-DM-Schlüssel der Bank; man erhält

$$\mathbf{F}^e \text{ MOD } n = W^{de} \text{ MOD } n = W \text{ MOD } n.$$

Das Kriterium dafür, ein Fünfmarkstück zu sein, ist nun, daß $\mathbf{F}^e$ (also W) aus zwei gleichen Hälften besteht. In Übungsaufgabe **3** werden wir sehen, daß man an der Gestalt von **F** nicht erkennen kann, ob $\mathbf{F}^e$ aus zwei gleichen Hälften besteht. Mit anderen Worten: Man kann nicht die Bank umgehen und selbst Münzen 'prägen'.

- Wird **F** bei der Bank eingereicht, so vergewissert sie sich zunächst (wie jeder Händler), daß es sich wirklich um ein elektronisches Fünfmarkstück handelt. Danach schreibt sie auf dem Konto des einreichenden Händlers DM 5.-- gut — *wenn diese spezielle Münze zum ersten Mal eingereicht wurde!* (Ein betrügerischer Händler könnte auf die Idee kommen, zweimal oder noch öfter dieselbe Münze einzureichen. Eine Münze ist ja nur ein Bitmuster, und niemand kann daran gehindert werden, dieses zu duplizieren. Wir werden auf dieses Problem später eingehen.)

- *Niemand kann von* **F** *auf Prof. Assoldas schließen.*

Kann der Händler (oder irgendjemand, der im Besitz von **F** ist) auf die Identität von Prof Assoldas schließen? Die einzige Möglichkeit ist, bei der Bank nachzufragen, an wen denn das Fünfmarkstück **F** ausgegeben wurde. Das kann aber die Bank nicht sagen. Sie hat **F** ($= W^d$ MOD n) nie gesehen, sondern nur die Zahlen

$$S = C^e \cdot W \text{ MOD } n \text{ und } T = C^{ed} \cdot W^d = C \cdot W^d \text{ MOD } n.$$

Da in beiden der Bank bekannten Zahlen die Verschleierungszufallszahl C vorkommt, kann kein noch so mächtiger Inquisitor die Zahl W (und damit **F**) rauskriegen.

*

David Chaum selbst hat dieses Verfahren mit alltäglichen Dingen spielerisch illustriert. Dabei handelt es sich natürlich nicht um einen ernstzunehmenden Produktvorschlag; vielmehr liegt der Nutzen dieser Beschreibung darin, daß man sich das Verfahren plastisch vorstellen kann.

Prof. Assoldas schickt ein leeres Blatt Papier zur Bank; dieses Blatt steckt er in einen Briefumschlag, in welchem auch ein Kohlepapier liegt. Die Bank öffnet den Briefumschlag nicht, sondern sie drückt nur ihren Fünfmarkstempel auf den Briefumschlag. Dadurch drückt sich die Aufschrift „5 Mark" mittels des Kohlepapiers auf das Blankoblatt durch. Prof. Assoldas entnimmt nun dieses Blatt dem Umschlag, packt es in einen anderen und bezahlt damit beim Händler.

Wie vorher hat auch in diesem Modell die Bank keine Kenntnis, was des Pudels Kern ist. Da sie nur die Umschläge, nicht aber die Inhalte kennt, kann sie nicht zurückverfolgen, an wen das elektronische Fünfmarkstück ausgegeben wurde.

*

Zum Abschluß dieses Abschnitts eine Bemerkung zum Vergleich der Sicherheit von elektronischen Münzen und unserem üblichen Hartgeld. Bei echten Münzen ist es für praktische Zwecke gleich schwer, aus dem Nichts eine Münze zu schaffen wie eine existierende Münze zu kopieren. Ganz anders bei elektronischen Münzen: Hier kann zwar mit kryptographischen Mechanismen auf sehr sichere Weise erreicht werden, daß niemand eine elektronische Münze „aus dem Nichts" (in unserem Beispiel heißt das: ohne Kenntnis der Bankschlüssel) erzeugen kann. Aber, im Gegensatz dazu ist es ein Kinderspiel, eine Münze zu duplizieren: Man muß nur die entsprechende Zahl bzw. das entsprechende Bitmuster kopieren!

Folglich muß die Bank eine Liste aller bereits eingelösten Münzen führen. Es ist klar, daß man dafür nicht nur riesigen Speicherplatz braucht, sondern daß es jedesmal, wenn eine Münze eingereicht wird, auch sehr viel Zeit kostet, um zu prüfen, ob ein Doppelgänger dieser speziellen Münze bereits eingelöst wurde. Jüngst wurde ein neues Schema vorgeschlagen [CFN90], das diesem Übel zwar nicht prinzipiell, aber doch ein wenig abhilft: Dort ist es nämlich so: Wenn eine Münze nur einmal eingelöst wird, bleibt der Kunde vollkommen anonym; wenn allerdings versucht wird, die

Münze ein zweites Mal einzureichen, kann die Bank denjenigen, an den die Münze ausgegeben wurde (in unserer Sprache Prof. Assoldas) dingfest machen.

6.4 MIX as MIX can

Stellen wir uns vor, ich möchte einen Brief an eine bestimmte Person (ich verrate nicht, an wen!) schicken, ohne daß jemand erfährt, wer an wen diesen Brief geschickt hat. Ich werde dann natürlich zunächst keinen Absender auf den Umschlag schreiben. Mit der Anschrift wird's schwieriger: Eigentlich darf niemand die Adresse kennen; sie muß also verborgen sein — aber mindestens der Postbote, der den Brief austrägt, muß doch die Anschrift wissen!

Die Lösung besteht darin, daß alle diejenigen, die solche Anonymitätsbedürfnisse haben, ihren Brief (mit Umschlag) an eine Deckadresse schikken. Dort wird der äußere Umschlag (mit der Deckadresse) entfernt, alle Briefe durcheinandergemixt (damit ein Beobachter aus der Reihenfolge der Ein- und Ausgänge keine Schlüsse ziehen kann) und dann an die richtigen Adressaten geschickt. (Dies ist im wesentlichen der Vorgang, der bei einer Briefwahl abläuft.) Diese Deckadresse nennt man **MIX**. Das Konzept der MIXe wurde in [Cha81] erstmalig vorgestellt.

Es ist klar, daß dieser Dienst etwas kostet: Man muß den Service des MIXes bezahlen, und man braucht das doppelte Porto. Sehen wir uns diese Prozedur zunächst im Modell von Briefen und Umschlägen an, um dann anschließend das elektronische Analogon zu diskutieren.

Bild 6.1 Erster Akt: Jeder schreibt einen Brief.

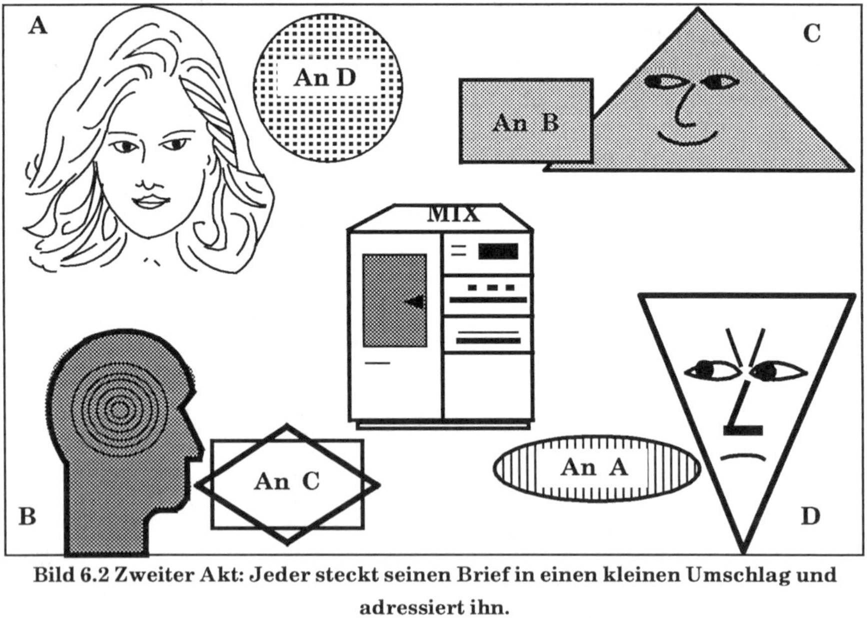

Bild 6.2 Zweiter Akt: Jeder steckt seinen Brief in einen kleinen Umschlag und adressiert ihn.

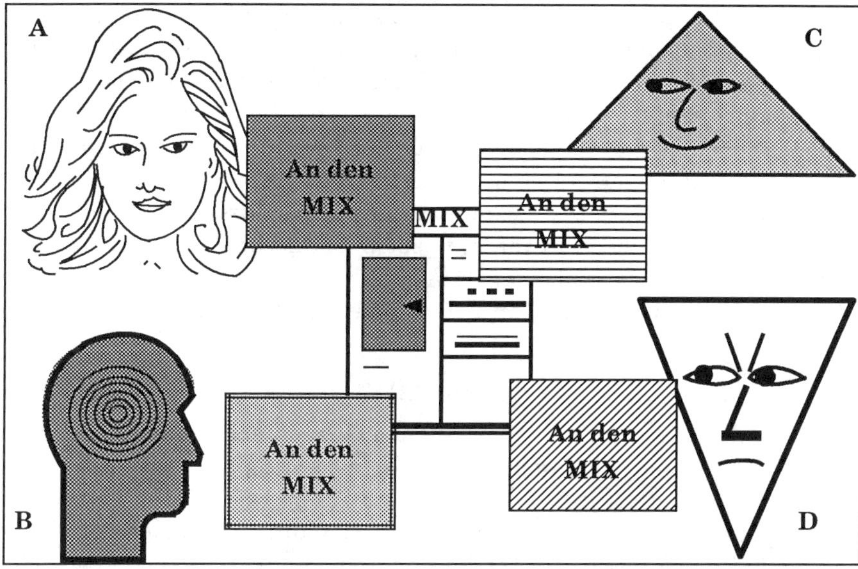

Bild 6.3 Dritter Akt: Jeder steckt den Umschlag in einen großen Umschlag und schickt ihn an den MIX.

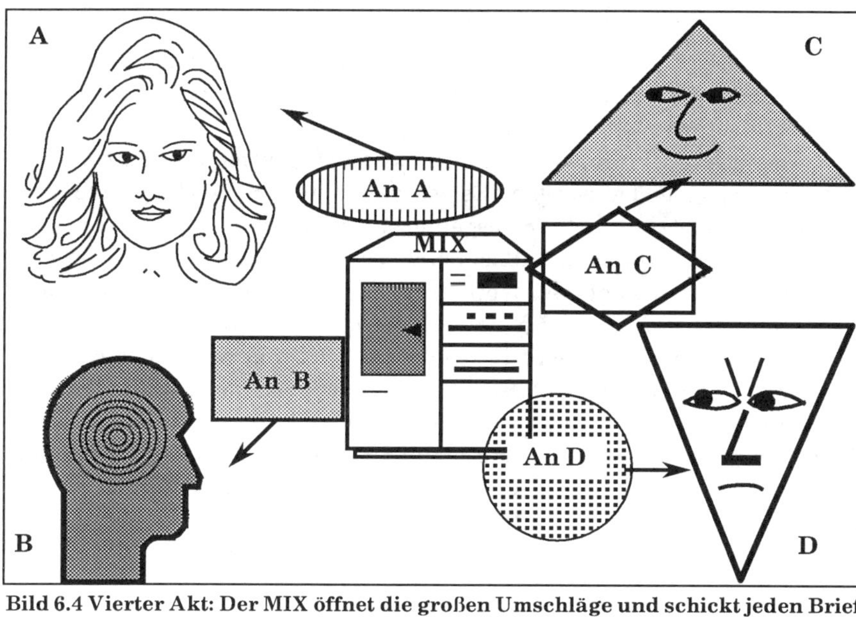

Bild 6.4 Vierter Akt: Der MIX öffnet die großen Umschläge und schickt jeden Brief zum „eigentlichen" Empfänger.

Wie kann man diesen anschaulichen Vorgang umsetzen in ein elektronisches System? Die Idee besteht darin, das Einpacken eines Briefes in einen Umschlag durch *Verschlüsseln* nachzubilden. Beachten Sie, daß beim Einstecken eines kleinen Umschlags in den großen die Adresse unsichtbar wird; das bedeutet, daß beim entsprechenden Verschlüsselungsvorgang die Adresse des Empfängers mitverschlüsselt werden muß.

Dem Protokoll liegt ein asymmetrisches Verschlüsselungsschema zugrunde. Stellen wir uns nun vor, ein Sender A möchte eine Nachricht m an den Empfänger B schicken. Dazu verschlüsselt er m zusammen mit Bs Adresse a_B unter dem öffentlichen Schlüssel E des MIXes. Also sendet er

$$E(m, a_B)$$

an den MIX. Dieser kann den erhaltenen Geheimtext mit seinem geheimen Schlüssel D entschlüsseln und erhält m und a_B.

Danach permutiert der MIX alle bis zu einem bestimmten Zeitpunkt eingelaufenen Nachrichten und schickt diese dann an den richtigen Empfänger; beispielsweise schickt er die Nachricht m an B.

Da kein offensichtlicher Zusammenhang ersichtlich ist zwischen den Nachrichten, die an den MIX geschickt werden, und den Nachrichten, die der MIX weiterschickt, kann niemand die Nachrichten vom Empfänger zum Sender zurückverfolgen.

Ein solches System kann nur dann seine Funktion richtig erfüllen, wenn auch gewisse nichtkryptologische Voraussetzungen gegeben sind; die zwei wichtigsten seien hier genannt.

1. Das ganze System nützt nichts, wenn insgesamt nur sehr wenige Nachrichten gesendet werden. Es ist daher äußerst wichtig, daß kontinuierlich 'viele' Nachrichten ausgetauscht werden.

2. Ein ernstes Problem: Muß bei einem solchen System nicht jeder dem MIX vertrauen? Mit anderen Worten: Ist der MIX jetzt der „Big Brother"? Diese Gefahr besteht — aber genau aus diesem Grund wird vorgeschlagen, mehrere MIXe zu verwenden; diese könnten auch von verschiedenen, voneinander unabhängigen gesellschaftlichen Gruppen gestellt werden: von der Regierung, von den Gewerkschaften, den Verbraucherverbänden, vom TÜV, von den Kirchen, . . . man könnte sich sogar den Chaos Computer Club als Anbieter eines MIXes vorstellen. Dann könnte jeder Teilnehmer die MIXe wählen, denen er zutraut, daß sie insgesamt die Anonymität liefern, die er sich wünscht.

Nun ist es leider so, daß beim Einsatz vieler MIXe nicht nur die Protokolle sehr kompliziert werden, sondern die MIXe werden auch zu empfindlichen Flaschenhälsen.

Wir stellen kurz noch den Fall dar, in dem ein Benutzer A zwei MIXe, MIX_1 und MIX_2 wählt. Zunächst wird er die Nachricht m zusammen mit der Adresse a_B von B verschlüsseln, und zwar unter dem öffentlichen Schlüssel E_2 von MIX_2; er erhält

$$E_2(m, a_B).$$

Aber damit ist A noch nicht fertig. Er muß zu dem berechneten Wert die Adresse a_2 von MIX_2 hinzufügen und dann alles mit dem öffentlichen Schlüssel E_1 von MIX_1 verschlüsseln: dadurch erhält er

$$E_1(E_2(m, a_B), a_2)$$

und schickt nun dieses Konglomerat an MIX_1. Dieser MIX beginnt mit der Entschlüsselungsprozedur: Durch Anwenden seines geheimen Schlüssels erhält er $E_2(m, a_B)$ und a_2. Damit weiß er, daß es seine Pflicht und Schuldigkeit ist, den Datensatz $E_2(m, a_B)$ an den MIX mit Adresse a_2, also an MIX_2 zu schicken. Dieser kann den Rest dechiffrieren und schließlich die eigentliche Nachricht m an den Teilnehmer B schicken.

Noch Fragen?

Der Nachteil einer solchen Prozedur ist sofort klar: Jede Nachricht muß mehrere Male ver- und entschlüsselt werden. Ferner werden die Nachrichten immer länger, so daß — bei heutiger Technolgie — ein System mit mehreren MIXen sich bald selbst lahmlegen würde. Das bedeutet: Wenn man Anonymität mit dieser Methode realisieren wollte, müßte man einen ganz erheblichen technischen Aufwand treiben. Dies ist der Preis, den man (bei der Verwendung von MIXen) für Kommunikationsanonymität bezahlen muß!

* * *

Zusatzinformation: *Kann Kryptologie unsere Banknoten sicherer machen?*

Die Notenbanken aller Länder sind über die technologische Entwicklung nicht immer erfreut: Maschinen, wie etwa Farbkopierer, die auch zum Fälschen von Banknoten dienen können, werden immer besser und gleichzeitig immer billiger. Das heißt, daß der zeitliche technologische Vorsprung der Notenbanken vor potentiellen Fälschern immer geringer wird.

Bevor elektronische Münzen oder Banknoten flächendeckend eingeführt sind, muß man das real existierende Geld sicherer machen. Hier könnte Kryptologie, insbesondere asymmetrische Signaturschemata, eine neue Dimension von Sicherheit ermöglichen. Das könnte etwa wie folgt geschehen (vergleiche [Omu90]). Bei der Herstellung einer Banknote wird ein zufälliges physikalisches Muster im Papier der Banknote erzeugt. Dafür sind viele Möglichkeiten denkbar, zum Beispiel könnte man kleine Partikel in das Papier einfügen. Wichtig ist, daß dieser Prozeß in dem Sinne zufällig ist, daß ein Fälscher nicht ein bestimmtes, vorgegebenes Muster erzeugen kann. Dann wird dieses Muster digitalisiert; die entstehende Zahl nennen wir MUS. Dieses Muster variiert also von Banknote zu Banknote. Bei der Herstellung signiert die Notenbank die Zahl MUS, d.h. sie wendet ihren geheimen Schlüssel auf MUS an. Die so erhaltenen Signatur SIG wird (beispielsweise) in eine Folge SIG* von Zahlen codiert, die deutlich lesbar auf die Banknote gedruckt werden.

Um die Echtheit der Banknote zu überprüfen, muß die Signatur verifiziert werden. Dazu liest man SIG*, übersetzt dies zurück in SIG, wendet den öffentlichen Schlüssel auf SIG an und erhält MUS. Dieser Datensatz wird dann mit dem Zufallsmuster verglichen, das über einen Sensor direkt von der Banknote gelesen wird. Da Banknoten im Laufe ihres Lebens immer mehr Altersflecken, Runzeln und Risse erhalten, wird der Sensor in der Regel nicht das jungfräuliche Muster MUS erkennen, sondern ein leicht verändertes Muster MUS'. Das Protokoll sagt nun, daß die Banknote als echt akzeptiert wird, wenn MUS und MUS' in mindestens x% ihrer Bits übereinstimmen. Ein typischer Wert ist $x = 80$, wobei MUS aus etwa 3000 Bits besteht.

Beachten Sie, daß, daß man einen Algorithmus braucht, der aus SIG wieder MUS berechnet; unter den heutigen Algorithmen bietet sich dafür der RSA-Algorithmus an. Außerdem ist entscheidend, daß SIG* fehlerfrei gelesen wird (sonst würde man keinerlei Information erhalten); deswegen schützt man diese Daten so, daß keine Fehler auftauchen; man kann hierfür etwa fehlerkorrigierende Codes benutzen.

Übungsaufgaben

1. Diskutieren Sie ein weiteres Beispiel aus dem täglichen Leben, bei dem — Ihrer Meinung nach — Anonymität notwendig ist, sowie ein Beispiel, bei dem Sie Anonymität für schädlich halten.

Können Sie sich ein Beispiel vorstellen, bei dem eine wichtige gesellschaftliche Gruppe für Anonymität plädieren würde, eine andere, ebenso angesehene, dagegen?

2. Machen Sie sich die Vor- und Nachteile der Anonymität des Münzgeldes für die Gesellschaft klar. Vergleichen Sie dies mit einem Kreditkartensystem.

3. Wählen Sie die Werte von p, q, d und e von Übungsaufgabe **9** in Kapitel 5 und berechnen Sie die Zahlen 111^d MOD pq, 222^d MOD pq, 333^d MOD pq, . . ., 777^d MOD pq.

4. Machen Sie sich die Analogie zwischen dem Schema für elektronische Münzen und dem Schema mit Papier, Kohlepapier und Umschlägen klar. Was entspricht C und was entspricht d ?

5. Überlegen Sie sich, ob Chaums Schema für elektronische Münzen die folgenden Eigenschaften hat. (Hat echtes Geld diese Eigenschaften?)

– Die Münze behält ihre Gültigkeit, wenn Prof. Assoldas ein kleines bißchen an ihr herummanipuliert.

– Der Händler kann die Münze benutzen, um damit selbst Waren einzukaufen.

– Der Händler kann eine Münze nur einmal einreichen.

6. Überlegen Sie, ob die Methode, mit der Emil in Erich **Kästners** *Emil und die Detektive* nachweist, daß der Herr mit dem steifen Hut ihm 140 Mark gestohlen hat, auch anwendbar gewesen wäre, wenn Emil elektronische Geldscheine benutzt hätte.

7. Schreiben Sie das Protokoll für drei MIXe.

8. Überzeugen Sie sich, ob ein MIX (oder mehrere MIXe) dazu benutzt werden können, um das Problem der Anonymität bei der Schlüsselerzeugung zu lösen.

Ausklang

Bevor sich unsere Wege wieder trennen, möchte ich Ihnen, verehrte Leserin, lieber Leser, das folgende Wort des Dichters Novalis (1772 bis 1801) in Erinnerung rufen.

In diesem Gedicht drückt sich die Sehnsucht nach einer Welt aus, in der Kryptologie überflüssig ist. Nach Meinung des Dichters wird diese Welt Wirklichkeit, wenn man nur ein Zauberwort weiß und es ausspricht:

Wenn nicht mehr Zahlen und Figuren
sind Schlüssel aller Kreaturen,
wenn die, so singen oder küssen,
mehr als die Tiefgelehrten wissen,
wenn sich die Welt ins freie Leben
und in die Welt wird zurückbegeben,
wenn dann sich wieder Licht und Schatten
zu echter Klarheit werden gatten
und man in Märchen und Gedichten
erkennt die wahren Weltgeschichten,
dann fliegt von einem geheimen Wort
das ganze verkehrte Wesen fort.

Entschlüsselung der Geheimtexte

Im folgenden finden Sie Lösungshinweise zu einigen Übungsaufgaben. Die Hinweise sind so gestaltet, daß Sie noch die Chance haben, ein wenig nachzudenken.

Kapitel 1.
Übungsaufgabe **1**: Ich wußte es ja!

Übungsaufgabe **15**: Moni, Moni!

Übungsaufgabe **20**: Die Lösung finden Sie *vor* Seite 1.

Kapitel 2.
Übungsaufgabe **5**: BXMFF, LEU, ZHUM

Übungsaufgabe **7**:

```
P o l y a   l p h a b   e t i s c   h e a l g
o r i t h   m e n h a   b e n d i   e E i g e
n s c h a   f t, d a s  s e i n b   e s t i m
m t e r G   e h e i m   t e x t b   u c h s t
a b e m e   h r a l s   e i n e n   K l a r t

e x t b u   c h s t a   b e n d a   r s t e l
l e n k a   n n. A b e  r m a n d   a r f n i
c h t v e   r g e s s   e n, d a s  s d e r G
e h e i m   t e x t d   e n K l a   r t e x t
e i n d e   u t i g b   e s t i m   m e n m u

s s.
```

Übungsaufgabe **17**: NEIN!

Kapitel 5.
Übungsaufgabe **2**: Einer meiner amerikanischen Freunde, der diese Aufgabe lösen sollte, schrieb mir:

"You should have given a hint: The man is a second-rate mathematician! Then I would have gotten it right away. He's the French mathematician **Charles P. Tebeau**. Of course, it could also be the German, **Albrecht E. Pause**, who is is not so well known. My colleague, who is very clever at these things, argued that it must be **Beulah C. Streep**, the feminist author from the Bronx who ran unsuccessfully for congress; his second guess would be **Peaches Butler**, a porno star from Atlanta, Georgia, suspected of having an affair with the governor."

Literaturverzeichnis

Der Klassiker von Kahn [Kah67] und das Buch von Franke [Fra82] sind sehr lesenswerte Darstellungen der Geschichte der Kryptologie, in denen insbesondere die Entwicklungen bis 1945 detailliert geschildert sind. Zur Vertiefung der in diesem Buch dargestellten Themen können [BP82], [DP89], [FR94], [Ruh87] und [Schn93] dienen, während die Lektüre der empfehlenswerten kryptographischen Bücher [Den83], [HKW85], [Hor85], [Kob87], [Koh81], [Kra86], [MM82], [SP89] zum Teil erhebliche mathematische Anforderungen an den Leser stellt.

[BDG88] J. L. Balcázar, J. Díaz, J. Gabarró: *Structural Complexity I.* Springer-Verlag, Heidelberg, 1988.

[BP82] H. Beker and F. Piper: *Cipher Systems. The Protection of Communication.* Northwood, London 1982.

[BFS92] Th. Beth, M. Frisch, G.J. Simmons: *Public-Key Cryptography: State of the Art and Future Directions.* Springer, Lecture Notes in Computer Science **578** (1992).

[Beu86] A. Beutelspacher: *Luftschösser und Hirngespinste.* Vieweg, Braunschweig und Wiesbaden 1986.

[BKP91] A. Beutelspacher, A. Kersten, A. Pfau: *Chipkarten als Sicherheitswerkzeug.* Springer-Verlag, Heidelberg 1991.

[BR89] A. Beutelspacher, U. Rosenbaum: *Sicherer Zugang zu Betriebssystemen mit der Chip-Karte.* 8. GI-Fachgesprächs über Rechenzentren, Informatik-Fachberichte **207** (Hg. J. Knop), 186-193 (1989).

[BS93] A. Beutelspacher, J. Schwenk: *Was ist Zero-Knowledge?* Math. Semesterber. **40**, 73-85 (1993).

[MBeu86] M. Beutelspacher: *Kultivierung bei lebendigem Leib.* Drumlin Verlag, Weingarten 1986.

[BS91] E. Biham and A. Shamir: *Differential Cryptanalysis of DES-like Cryptosystems.* J. Cryptology **4** (1991), 3-72.

[BS93] E. Biham and A. Shamir: *Differential Cryptanalysis of the Data Encryption Standard.* Springer-Verlag, Berlin, . . . 1993.

[Bos94] K. Bosch: *Elementare Einführung in die Wahrscheinlichkeitsrechnung*. Vieweg-Verlag, Braunschweig, Wiesbaden 51994.

[BDPW90] M.V.D. Burmester, Y. Desmedt, F. Piper, M. Walker: A *General Zero-Knowledge Scheme*. Advances in Cryptology - EUROCRYPT '89. Springer Lecture Notes in Computer Science **434** (1990), 122-133.

[CCITT] CCITT Recommendation X.509: *The Directory – Authentication Framework*, 1988.

[Cha81] D. Chaum: *Untraceable Electronic Mail, Return Addresses, and Digital Pseudonyms*. Comm. ACM **24** (1981), 84-88.

[Cha85] D. Chaum: *Security without Identification: Transaction systems to Make Big Brother Obsolete*. Comm. ACM **28** (1985), 1030-1044.

[CFN90] D. Chaum, A. Fiat, M. Naor: *Untraceable Electronic Cash*. Advances in Cryptology – CRYPTO '88. Springer Lecture Notes in Computer Science **403**, 1990, 319-327.

[Cox63] H.S.M. Coxeter: *Unvergängliche Geometrie*. Birkäuser, Basel 1963.

[DP89] D.W. Davies, W.L. Price: *Security for Computer Networks*. John Wiley & Sons, Chichester 1984, 2nd edition 1989.

[Den83] D. Denning: *Cryptography and Data Security*. Addison Wesley, Reading, Mass. 1983.

[Dif88] W. Diffie: *The First Ten Years of Public-Key Cryptography*. Proceedings of the IEEE **76** (5) (1988), 560-577.

[DH76] W. Diffie and M.E. Hellman: *New directions in cryptography*. Trans. IEEE Inform. Theory, IT-22, 6 (1976), 644-654.

[ElG85] T. ElGamal: *A public key cryptosystem and a signature scheme based on discrete logarithms*. IEEE Trans. on Inform. Theory, Vol. IT-31 (1985), 469-472.

[FS87] A. Fiat and A. Shamir: *How To Prove Yourself: Practical Solutions to Identification and Signature Problems*. Advances in Cryptology – CRYPTO '86. Springer Lecture Notes in Computer Science **263** (1987), 186-194.

[Fie89] K. Fietta: *Chipkarten: Technik, Sicherheit, Anwendungen*. Hüthig-Verlag, Heidelberg 1989.

[Fra82] H.W. Franke: *Die geheime Nachricht.* Umschau-Verlag, Frankfurt/Main 1982.

[Fra84] O.I. Franksen: *Mr. Babbage's Secret. The Tale of a Cypher – and APL.* Prentice Hall, Englewood Cliffs, 1984.

[Fre84] G. Frey: *Elementare Zahlentheorie.* Vieweg, Braunschweig, Wiesbaden 1984.

[Fri90] F. Fricker: *Neue Rekord-Faktorisierung.* Spektrum der Wissenschaft 11/1990, 38-42.

[FP90] W. Fumy und A. Pfau: *Asymmetric Authentication Schemes for Smart Cards — Dream or Reality?* Proc. IFIP SEC '90. Espoo, Finnland.

[FR94] W. Fumy, H.P. Rieß: *Kryptographie – Entwurf, Einsatz und Analyse symmetrischer Kryptosysteme.* Oldenbourg, München ^{2}1994.

[GMR89] S. Goldwasser, S. Micali, C. Rackoff: *The Knowledge Complexity of Interactive Proof-Systems.* SIAM J. Comput. **8**(1) (1989), 186-208.

[Gor85] J. Gordon: *Strong Primes are Easy to Find.* Advances in Cryptology – EUROCRYPT '84. Springer Lecture Notes in Computer Science **209** (1985), 216-223.

[HKW85] F.-P. Heider, D. Kraus und M. Welschenbach: *Mathematische Methoden der Kryptoanalyse.* Vieweg, Braunschweig, Wiesbaden 1985.

[Hon73] R. Honsberger: Mathematical Gems I. MAA 1973.

[Hor85] P. Horster: *Kryptologie.* B.I.-Wissenschaftsverlag, Mannheim – Wien – Zürich 1985.

[ISO] ISO IS 7498/2: Open Systems Interconnection Reference Model – Part 2: Security Architecture.

[Kah67] D. Kahn: *The Codebreakers.* Macmillan, New York 1967.

[Kob87] N. Koblitz: *A Course in Number Theory and Cryptography.* Springer-Verlag, New York 1987.

[Koh81] A.G. Konheim: *Cryptography. A Primer.* John Wiley & Sons, New York 1981.

[Kra86] E. Kranakis: *Primality and Cryptography.* John Wiley & Sons, Chichester 1986.

[LM90] A.K. Lenstra and M.S. Manasse: *Factoring by electronic mail.* Advances in Cryptology – EUROCRYPT '89. Springer Lecture Notes in Computer Science **434** (1990), 355-371.

[Mas69] J.L.Massey: *Shift-register Synthesis and BCH Decoding.* IEEE Inform. Theory, IT-15, 1 (1969), 122-127.

[Mas83] J.L. Massey: *Logarithms in finite cyclic groups – cryptopgraphic issues.* Proceedings of the 4th Benelux Symposium on Information Theory (1983), 17-25.

[Mau90] U. Maurer: *Fast generation of secure RSA-moduli with almost maximal diversity.* Advances in Cryptology – EUROCRYPT '89. Springer Lecture Notes in Computer Science **434** (1990), 636-647.

[McE78] R.J. McEliece: *A public-key cryptosystem based on algebraic coding theory.* JPL DSN Progress Report 42-44, pp. 114-116, Jan.-Feb. 1978.

[MH78] R.C. Merkle and M.E. Hellman: *Hiding information and signatures in trapdoor knapsacks.* IEEE Trans. Inf. Theory, IT-**24** (1978), 525-530.

[MM82] C.H. Meyer, S.M. Matyas: *Cryptography: A New Dimension in Computer Data Security.* John Wiley & Sons, New York 1982.

[NIST91] National Institute of Standards and Technology (NIST): *A Proposed Digital Signature Algorithm* (4. Sept. 1991).

[Omu90] J.K. Omura: *Novel Applications of Cryptography in Digital Communications.* IEEE Communications Magazine, May 1990, 21-29.

[Opp92] R. Oppliger: *Computersicherheit. Eine Einführung.* Verlag Vieweg, Braunschweig, Wiesbaden 1992.

[Pad89] F. Padberg: *Elementare Zahlentheorie.* B.I.-Wissenschaftsverlag, Mannheim, Wien, Zürich 1989.

[Per86] G. Perec: *Anton Voyls Fortgang.* Zweitausendeins, Frankfurt 1986.

[Pom91] K. Pommerening: *Datenschutz und Datensicherheit.* B.I.-Wissenschaftsverlag 1991.

[QG90] J.-J., M., M., M. Quisquater and L., M., G., A., G., S. Guillou: *How to explain Zero-Knowledge Protocols to Your Children.*

Advances in Cryptology – CRYPTO '89. Springer Lecture Notes in Computer Science **435** (1990), 628-631.

[RSA78] R. Rivest, A. Shamir and L. Adleman: *A method for obtaining digital signatures and public key cryptosystems.* Comm. ACM **21** (1978), 120-126.

[Rue86] R. Rueppel: *Analysis and design of Stream Ciphers.* Springer-Verlag 1986.

[Ruh87] Ch. Ruhland: *Datenschutz in Kommunikationsnetzen.* Datacom-Verlag Pulheim 1987.

[Sal90] A. Salomaa: *Public-Key Cryptography.* Springer-Verlag, EATCS Monographs on Theoretical Computer Science Vol. 23, 1990.

[Scha92] I. Schaumüller-Bichl: *Sicherheits-Management.* B.I.-Wissenschaftsverlag, Mannheim, Leipzig, Wien, Zürich 1992.

[Schn93] B. Schneier: *Applied Cryptography. Protocols, Algorithms, and Source Code in C.* John Wiley & Sons, New York 1993.

[SP89] J. Seberry and J. Pieprzyk: *Cryptography. An Introduction to Computer Security.* Prentice Hall 1989.

[Sim79] G.J. Simmons: *Cryptology: The mathematics of secure communication.* The Mathematical Intelligencer **1** (1979), 233-246.

[Sim92] G.J. Simmons: *Contemporary Cryptology. The Science of Information Integrity.* IEEE Press, New York 1992.

[Sha82] A. Shamir: *A polynomial time algorithm for breaking the basic Merkle-Hellman cryptosystem.* Proc. 23rd IEEE Symp. Found. Computer Sci. 142-152 (1982).

[Sha49] C.E. Shannon: *Communication theory of secrecy systems.* Bell. Sys. Tech. J. **30** (1949), 657-715.

[Smi71] L. D. Smith: *Cryptography. The Science of Secret Writing.* Dover Publications, New York 1971.

[Str56] D.J. Struik: *A concise History of Mathematics.* Dover Publications, Inc. 1956.

[WA75] H. Wußing und W. Arnold: *Biographien bedeutender Mathematiker.* Aulis Verlag Deubner & Co., Köln 1975.

Unter den regelmäßigen Veröffentlichungen zur Kryptologie müssen die folgenden **Zeitschriften** erwähnt werden:

- *Journal of Cryptology* (Springer Verlag) und
- *Computer & Security* (Elsevier),

die beide einen theoretisch-wissenschaftlichen Anspruch haben, während

- *Cryptologia* (Rose Hulman Institute)

sich schwerpunktmäßig mit der Geschichte der Kryptologie beschäftigt;

- *KES Zeitschrift für Kommunikations- und Datensicherheit* (Peter Hohl Verlag)

ist eine allgemeinverständliche Zeitschrift, in der man auch Beschreibungen von Produkten findet;

- *Datenschutz und Datensicherung* (Vieweg Verlag)

stellt insbesondere Zusammenhänge zwischen Technik und Recht dar.

Die *Lecture Notes in Computer Science* (Springer) veröffentlichen jährlich zwei Bände unter dem Titel *Advances in Cryptology*; dies sind die Proceedings der wichtigsten Tagungen über Kryptologie, nämlich der EUROCRYPT und der CRYPTO. Zusammen mit dem Journal of Cryptology sind diese Bände ein Muß für jeden, der sich einen Eindruck vom aktuellen Fortschritt der Kryptologie verschaffen will.

Namen- und Sachverzeichnis